U0229400

深度学习实战之
PaddlePaddle

潘志宏　王培彬
万智萍　邱泽敏 ◎编著

人民邮电出版社

北　京

图书在版编目（CIP）数据

深度学习实战之PaddlePaddle / 潘志宏等编著. --
北京：人民邮电出版社，2019.6
ISBN 978-7-115-50332-9

Ⅰ．①深… Ⅱ．①潘… Ⅲ．①学习系统 Ⅳ.
①TP273

中国版本图书馆CIP数据核字(2018)第278866号

内 容 提 要

　　本书全面讲解了深度学习框架 PaddlePaddle，并结合典型案例，阐述了 PaddlePaddle 的具体应用。本书共 15 章。第 1 章介绍了深度学习及其主流框架；第 2 章介绍了几种不同的 PaddlePaddle 安装方式；第 3 章使用 MNIST 数据集实现手写数字识别；第 4 章介绍 CIFAR 彩色图像识别；第 5 章介绍了自定义数据集的识别；第 6 章介绍了验证码的识别；第 7 章介绍了场景文字的识别；第 8 章实现了验证码的端到端的识别；第 9～11 章讲解了车牌识别、使用 SSD 神经网络完成目标检测；第 12 章和第 13 章介绍了 Fluid、可视化工具 VisualDL；第 14 章和第 15 章介绍了如何在服务器端与 Android 移动终端使用 PaddlePaddle 进行项目实践。

　　本书适合机器学习爱好者、程序员、人工智能方面的从业人员阅读，也可以作为大专院校相关专业的师生用书和培训学校的教材。

◆ 编　著　潘志宏　王培彬　万智萍　邱泽敏
　　责任编辑　张　涛
　　责任印制　焦志炜

◆ 人民邮电出版社出版发行　　北京市丰台区成寿寺路 11 号
　　邮编　100164　　电子邮件　315@ptpress.com.cn
　　网址　http://www.ptpress.com.cn
　　固安县铭成印刷有限公司印刷

◆ 开本：800×1000　1/16
　　印张：17.75　　　　　　　　　　2019 年 6 月第 1 版
　　字数：325 千字　　　　　　　　2024 年 7 月河北第 5 次印刷

定价：69.00 元
读者服务热线：(010)81055410　印装质量热线：(010)81055316
反盗版热线：(010)81055315
广告经营许可证：京东市监广登字20170147号

推　荐　序

　　近年来，中国人工智能技术蓬勃发展，并且在某些领域上已经取得了非常出色的成绩。在语言识别技术中，科大讯飞语音识别已经应用于很多行业和场景；在图像识别技术中，腾讯优图、旷视科技 Face++ 和广州像素已经在医疗、安防和无人零售等行业广泛应用；在无人驾驶技术中，百度 Apollo 开放平台已经实现 L4 级别无人车的量产。虽然从技术研发层面看中国与美国相比还有一定差距，但是从应用层面看中国安防企业和互联网公司拥有超大规模的数据、广泛的应用场景，有些企业在人工智能方面已经实现了一系列成功的案例，同时，这也为我们的技术研究提供了丰富的数据。

　　就国家发展层面而言，中国政府已把人工智能列为国家发展战略，2017 年 7 月国务院印发了《新一代人工智能发展规划》，提出了 2030 年我国新一代人工智能发展的指导思想、战略目标、重点任务和保障措施。从人才培养方面，人才缺口迫使高校必须承担人才培养的工作，2018 年 4 月国家教育部印发了《高等学校人工智能创新行动计划》，提出中国高校要分"三步走"，2030 年要成为建设世界主要人工智能创新中心的核心力量和人才高地，国内很多知名高校也纷纷做出相应行动，从 2017 年到 2018 年短短 1 年多内，各大高校整合资源成立人工智能学院承担起人工智能人才培养和科研工作。

　　随着人工智能技术在各行各业落地开花，除了需要研究型人才之外，应用型人才也非常急缺。研究型人才主要由知名高校和研究院培养，而应用型人才培养工作或许更多的应该由应用型本科院校来承担。但是对于应用型本科院校的 IT 类专业学生，要快速学好人工智能（特别是深度学习知识）是不容易的，往往会因为大量数学公式而望而却步。本书作者是在应用型本科院校从教多年的教师，有丰富的教学经验，在内容的编排上尽可能避开了数学公式，并通过大量实际案例来教初学者如何解决实际的问题，从 MNIST 数据集中手写数字的识别、CIFAR 数据集中彩色图像的识别到日常生活实用性较强的验证码识别、场景文字识别、车牌识别，最后再到在移动端、服务器端实现深度学习应用。无论是对于深度学习的初学者还是已经具备一些项目经验但是想使用 PaddlePaddle 来进行项目开发的读者来说，本书都是很好的读物，我也衷心希望本书能够帮助更多读者掌握深度学习方法，应用深度学习方法解决实际项目中的问题，也希望中国的人工智能事业蓬勃发展。

赖剑煌

中山大学数据科学与计算机学院教授

中国计算机学会计算机视觉专业组副主任

中国图象图形学会副理事长

广东省图象图形学会理事长

前　言

深度学习技术是目前非常热门的技术。随着大数据技术的发展和数据平台计算能力的提升，深度学习在行业中的应用越来越多。目前我国在人工智能技术的应用方面走在世界前列，应用领域从语音识别、图像识别到自然语言处理，再到自动驾驶等。在这些应用领域中，深度学习都发挥着重要的作用。同时，由于企业需要一批人工智能方面的应用型人才，因此很多知名高校纷纷成立人工智能学院培养人才来适应市场需求。对于普通信息类专业的学生，如果想快速进入深度学习领域，并利用深度学习解决实际问题，就需要了解大量的数学知识及公式。为了更好地进行学习，本书在讲解基础知识的同时，通过大量的实际案例展示如何解决实际的问题。

我在接触 PaddlePaddle 这个深度学习框架时，是通过官方教程开始学习的，但是随着学习的深入，发现 PaddlePaddle 的文档不是很完善，网络上的相关教程也非常少，于是我在 CSDN 网站上开设了"我的 PaddlePaddle 学习之路"系列教程。在编写这个系列教程的过程中，我遇到了不少的困难，好在 GitHub 社区的 PaddlePaddle 工程师们非常热心，帮助我解决了一个又一个的难题，最终完成了这个教程。这个教程发布之后，很多读者通过这个教程学习了如何使用 PaddlePaddle，并应用到自己的项目中。该教程还得到了读者的一致好评。有些读者联系到我，希望我能够出版一本关于 PaddlePaddle 的图书，让他们可以更系统地学习 PaddlePaddle。应读者的要求，我和我的导师潘志宏经过几个月的努力，终于完成了本书的编写工作。

本书一共有 15 章，由浅入深，从基础知识、环境安装到项目实战，一步步带领读者从零开始使用深度学习技术和 PaddlePaddle 解决实际问题。另外，我们在 GitHub 平台上提供了本书中所有项目的代码。相关代码都经过本书编写团队编程实现和运行验证，读者在实际开发中，只需要做少量修改就可以迁移到自己的项目中。

第 1 章介绍了深度学习和深度学习的一些主流框架，同时还简单介绍了深度学习中比较常用的数学知识。

第 2 章介绍了 PaddlePaddle 的安装。该章介绍了在 Windows 和 Ubuntu 两大主流操作系统上 PaddlePaddle 的安装方式，其中包括 Docker、原生 pip、源码编译的安装方式，以满足不同读者的需求。

从第 3 章开始介绍 PaddlePaddle 的使用方法。

第 3 章和第 4 章介绍了深度学习中比较常见的两个例子，即使用神经网络实现 MNIST 数据集中手写数字的识别和 CIFAR 数据集中彩色图像的识别。

为了让读者明白如何训练数据集，第 5 章介绍了自定义数据集的识别，并在第 6 章讨论了验证码的识别。

第 7 章介绍了比较常见的一种需求场景——文字识别，在这个技术基础之上，在第 8 章中实现了验证码端到端的识别，并且在第 9 章中实现了常见的另一种场景——车牌识别。

在第 10 章和第 11 章中，使用 SSD 神经网络在 VOC 数据集和自定义数据集上分别完成了目标检测。

为了让读者适应 PaddlePaddle 之后的版本，第 12 章介绍了 Fluid 版本的使用方法。

第 13 章介绍了 PaddlePaddle 推出的一个深度学习可视化工具 VisualDL，使用这个工具，可以更加方便地观察训练的情况。

第 14 章和第 15 章分别介绍了如何在服务器端与 Android 移动端使用 PaddlePaddle，通过这两章的学习，读者可以更好地把 PaddlePaddle 应用到自己的项目中。

本书由中山大学新华学院潘志宏担任主编，并负责全书内容的组织和编审，王培彬（网名为夜雨飘零）负责全书大部分章节的编写。中山大学新华学院万智萍、邱泽敏参与了部分章节的编写。本书的编写得到以下基金项目的支持：2017 年第二批教育部产学合作协同育人项目（201702071078），2016 年广东省普通高校重大平台与重大科研项目——青年创新人才项目（自然科学）（2016KQNCX222），2016 年度广东省本科高校高等教育教学改革项目（2016SGJ002），2017 年度中山大学新华学院教学质量与教学改革工程项目（2017JC001）。

本书在编写过程中参考了百度 PaddlePaddle 官网和其他人分享的相关技术文献，在此对相关人士表示衷心感谢。另外，感谢 GitHub 社区的 PaddlePaddle 工程师帮助我解决了一些问题。限于篇幅，不能够在本书中介绍更多的 PaddlePaddle 知识，之后更多的教程会在博客上继续更新，欢迎读者继续关注本人的博客，在 CSDN 网站上搜索"夜雨飘零"即可查看更多教程。编辑联系邮箱为 zhangtao@ptpress.com.cn。

由于本人的水平和认知有限，书中难免会有不妥之处，恳请各位读者批评指正。

王培彬

服务与支持

本书由异步社区出品，社区（https://www.epubit.com/）为您提供相关资源和后续服务。

提交勘误

作者和编辑尽最大努力来确保书中内容的准确性，但难免会存在疏漏。欢迎您将发现的问题反馈给我们，帮助我们提升图书的质量。

当您发现错误时，请登录异步社区，按书名搜索，进入本书页面，单击"提交勘误"，输入勘误信息，单击"提交"按钮即可。本书的作者和编辑会对您提交的勘误进行审核，确认并接受后，您将获赠异步社区的 100 积分。积分可用于在异步社区兑换优惠券、样书或奖品。

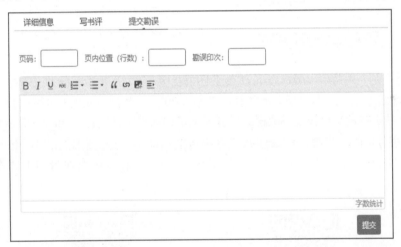

扫码关注本书

扫描下方二维码，您将会在异步社区微信服务号中看到本书信息及相关的服务提示。

与我们联系

我们的联系邮箱是 contact@epubit.com.cn。

如果您对本书有任何疑问或建议,请您发邮件给我们,并请在邮件标题中注明本书书名,以便我们更高效地做出反馈。

如果您有兴趣出版图书、录制教学视频,或者参与图书翻译、技术审校等工作,可以发邮件给我们;有意出版图书的作者也可以到异步社区在线提交投稿(直接访问 www.epubit.com/selfpublish/submission 即可)。

如果您是学校、培训机构或企业,想批量购买本书或异步社区出版的其他图书,也可以发邮件给我们。

如果您在网上发现有针对异步社区出品图书的各种形式的盗版行为,包括对图书全部或部分内容的非授权传播,请您将怀疑有侵权行为的链接发邮件给我们。您的这一举动是对作者权益的保护,也是我们持续为您提供有价值的内容的动力之源。

关于异步社区和异步图书

"异步社区"是人民邮电出版社旗下 IT 专业图书社区,致力于出版精品 IT 技术图书和相关学习产品,为作译者提供优质出版服务。异步社区创办于 2015 年 8 月,提供大量精品 IT 技术图书和电子书,以及高品质技术文章和视频课程。更多详情请访问异步社区官网 https://www.epubit.com。

"异步图书"是由异步社区编辑团队策划出版的精品 IT 专业图书的品牌,依托于人民邮电出版社近 30 年的计算机图书出版积累和专业编辑团队,相关图书在封面上印有异步图书的 LOGO。异步图书的出版领域包括软件开发、大数据、AI、测试、前端、网络技术等。

异步社区

微信服务号

目 录

第1章　深度学习

1.1 引言

2016 年 3 月，AlphaGo 与围棋世界冠军、职业九段棋手李世石进行围棋人机大战，最终 AlphaGo 以 4∶1 的总比分获胜。这场比赛引起社会的高度关注，同时也把人工智能又一次推到顶峰，这可能意味着人工智能真正进入了我们的生活。次年，小度机器人在《最强大脑》节目中与人类选手共同获得了该节目的最高荣誉——"脑王"。这两件事情同时说明了一个问题，人工智能在很多领域中已经可以与人类媲美，部分领域甚至已经超过了人类。AlphaGo 与小度机器人能具有如此强大的功能，共同之处都是它们使用了深度学习技术。

最近这几年，深度学习技术之所以发展这么快，一方面是因为深度算法的突破，另一方面是因为计算能力的提升。这些都是推动深度学习不断发展的动力。在这个恰当的时机下，如果你怀着一个人工智能的梦，不妨就从现在开始接触深度学习，让人工智能的发展道路上也能留下你的足迹。当你对此蠢蠢欲动但又不知道如何入手时，通常的建议是从学习一个深度学习框架开始。那么，什么是深度学习框架呢？继续往下看。

本章代码参见 GitHub 的 yeyupiaoling 主页里 BookSource 中的 chapter1。测试环境是 Python 2.7。

1.2 深度学习框架简介

为什么要使用深度学习框架呢？因为使用深度学习框架可以大大降低学习深度学习的门槛。例如，我们可以使用这些积木快速搭建各种各样的房子。使用积木搭建房子，不仅快速而且门槛低，使用起来也非常灵活，同时可以随意搭建我们想要的房子。深度学习框架提供类似积木的高级 API，通过使用这些 API 搭建我们想实现的网络。同时，深度学习框架还可以使得我们在 CPU 和 GPU 的使用上无缝迁移。

正是因为如此，使用深度学习框架之后，我们可以利用更多的时间研究更好的模型，而不用在一个小小的语法错误上纠结。那么，有哪些深度学习框架？我们又应该选择哪些呢？现在开源的深度学习框架有很多，如 TensorFlow、PaddlePaddle、PyTorch、Caffe2 和 Keras 等，而本书为什么选择 PaddlePaddle 呢？因为 PaddlePaddle 是百度公司在 2016 年 9 月 27 日发布的开源框架，也是国内首个开源深度学习平台。图 1-1 即为 PaddlePaddle 官网。

图 1-1　PaddlePaddle 官网

从官方标题中可以看出，这个框架是非常易用的，同时对我们入门深度学习也是非常友好的。如果能够快速入门，那么会增强我们继续学习的信心。同时，PaddlePaddle 官方也提出：要把 PaddlePaddle 发展成最符合中国开发者的深度学习框架之一。为什么要强调符合中国开发者呢？因为 PaddlePaddle 是由百度开源的一个企业级的深度学习平台，在国内的企业中，PaddlePaddle 首先惠及国内的开发者。在文档方面，PaddlePaddle 在中文文档上要比其他的深度学习框架更加完善，对于国内一些英文不太好的开发者来说，这也是非常方便的。另外，由 PaddlePaddle 官方创建的技术社区和录制的公开课都是针对国内开发者而设计的，因此在国内选择 PaddlePaddle 能够接触更多的官方资源，这是其他深度学习框架很难做到的。

PaddlePaddle 的前身是百度公司于 2013 年自主研发的深度学习平台，且一直为百度内部工程师研发使用。我们用的百度的图像识别、语音语义识别理解、情感分析、机器翻译接口，其开发部门也会应用到这个平台。在 2016 年 9 月 1 日的百度世界大会上，百度首席科学家吴恩达首次宣布将百度深度学习平台对外开放，并命名为 PaddlePaddle。PaddlePaddle 在此之前已经在内部稳定运行了 3 年多时间，可以说是相当稳定了。同时百度官方也说明，PaddlePaddle 是完全开源的，不会存在内部版本和开源版本的情况。

使用 PaddlePaddle 深度学习框架到底有多么简单呢？下面以在 PaddlePaddle 中使用一个经典的卷积神经网络 VGG16 为例进行说明。在 PaddlePaddle 中，只需要下面的一行代码就可以完成 VGG16 的定义和调用，input_image 是指输入的数据类型，num_channels 是指输入图像的通道数，num_classes 是指输入数据集的分类总数。

```
paddle.v2.networks.vgg_16_network(input_image=img,
                                  num_channels=3,
                                  num_classes=10)
```

通过上面的例子，你是不是觉得使用 PaddlePaddle 框架非常简单并且已经忍不住想要马上尝试一下？在使用之前，希望读者能够简单了解一下深度学习的相关基础知识。接下来，本章就针对这两方面进行讲解。

1.3 数学基础知识

1.3.1 线性代数相关知识

1. 标量、向量、矩阵和张量

- **标量**（scalar）：标量就是一个单独的数，它不同于线性代数中大部分的研究对象（通常是多个数的数组）。我们用斜体表示标量。通常赋予标量小写的变量名称，如 x。
- **向量**（vector）：向量是一列数。这些数都是有序排列的。通过次序中的索引，可以确定每个单独的数。通常赋予向量粗体的小写变量名称，如 $\boldsymbol{x}$。

$$\boldsymbol{x} = \begin{bmatrix} x_1 \\ x_2 \\ \vdots \\ x_n \end{bmatrix}$$

3

- **矩阵**（matrix）：矩阵是二维数组，其中的每一个元素由两个索引（而非一个）确定。通常会赋予矩阵粗体的大写变量名称，如 $\boldsymbol{A}$。

$$\boldsymbol{A} = \begin{bmatrix} A_{11} & A_{12} \\ A_{21} & A_{22} \end{bmatrix}$$

- **张量**（tensor）：在某种情况下，我们会讨论坐标超过两维的数组。一般地，若一个数组中的元素分布在若干维坐标的规则网格中，则它称为张量，并使用 $\boldsymbol{A}$ 表示。张量 $\boldsymbol{A}$ 中坐标为 (x,y,z) 的元素记作 A_{xyz}。

下面使用 Python 代码实现上面所提到的矩阵。

1）创建普通二维矩阵。

```
import numpy as np

m = np.mat([[1,2,3],[4,5,6]])
print m
```

输出为：

```
[[1 2 3]
 [4 5 6]]
```

2）使用 zeros 创建一个 3×2 的 **0** 矩阵，还可以使用 ones 函数创建元素全是 1 的矩阵。

```
from  numpy import *
import numpy as np

m = np.mat(zeros((3,2)))
print m
```

输出为：

```
[[0. 0.]
 [0. 0.]
 [0. 0.]]
```

2. 转置

转置（transpose）是矩阵的重要操作之一。矩阵的转置是以对角线为轴的镜像，这条从左上角到右下角的对角线称为**主对角线**。将矩阵 $\boldsymbol{A}$ 的转置表示为 $\boldsymbol{A}^{\tau}$，定义如下：

$$(A^{\tau})_{ij} = A_{ji}$$

标量可以看作只有一个元素的矩阵。因此，标量的转置等于它本身，即 $a = a^{\tau}$。

$$A = \begin{bmatrix} A_{11} & A_{12} \\ A_{21} & A_{22} \\ A_{31} & A_{32} \end{bmatrix} \Rightarrow A^{\tau} = \begin{bmatrix} A_{11} & A_{21} & A_{31} \\ A_{12} & A_{22} & A_{32} \end{bmatrix}$$

矩阵的转置也是一种运算，满足下列运算规律（假设运算都是可行的）。

1）$(A^{\tau})^{\tau} = A$

2）$(A + B)^{\tau} = A^{\tau} + B^{\tau}$

3）$(\lambda A)^{\tau} = \lambda A^{\tau}$

4）$(AB)^{\tau} = B^{\tau} A^{\tau}$

下面使用 Python 代码实现矩阵的转置。

```python
# coding=utf-8
import numpy as np

m = np.mat([[1,2,3],[4,5,6]])
print '转置前:\n%s' % m
t = m.T
print '转置前:\n%s' % t
```

输出如下。

```
转置前:
[[1 2 3]
 [4 5 6]]
转置后:
[[1 4]
 [2 5]
 [3 6]]
```

3. 矩阵的加法

矩阵的加法定义：设有两个 $m \times n$ 矩阵 A 和 B，那么矩阵 A 与 B 的和记作 $A+B$，规定如下。

$$A + B = \begin{bmatrix} A_{11} + B_{11} & A_{12} + B_{12} & \cdots & A_{1n} + B_{1n} \\ A_{21} + B_{21} & a_{22} + b_{22} & \cdots & a_{2n} + b_{2n} \\ \vdots & \vdots & \vdots & \vdots \\ A_{m1} + B_{m1} & a_{m2} + b_{m2} & \cdots & a_{mn} + b_{mn} \end{bmatrix}$$

注意，两个矩阵必须是同型的矩阵，这两个矩阵才能进行加法运算。矩阵加法满足下列运算规律（设 A、B、C 都是 $m \times n$ 型矩阵）。

1）$A + B = B + A$

2）$(A + B) + C = A + (B + C)$

下面通过 Python 代码实现计算两个同型矩阵的加法。

```
import numpy as np

m1 = np.mat([[1, 2, 3], [4, 5, 6]])
m2 = np.mat([[11, 12, 13], [14, 15, 16]])
print "m1 + m2 = \n%s " % (m1 + m2)
```

输出为：

```
m1 + m2 =
[[12 14 16]
 [18 20 22]]
```

4. 数与矩阵的相乘以及矩阵与矩阵的相乘

数与矩阵相乘的定义：数 λ 与矩阵 A 的乘积记作 λA 或 $A\lambda$，规定如下。

$$\lambda A = A\lambda = \begin{bmatrix} \lambda A_{11} & \lambda A_{12} & \cdots & \lambda A_{1n} \\ \lambda A_{21} & \lambda A_{22} & \cdots & \lambda A_{2n} \\ \vdots & \vdots & & \vdots \\ \lambda A_{m1} & \lambda A_{m2} & \cdots & \lambda A_{mn} \end{bmatrix}$$

数乘矩阵满足下列运算规律（设 A、B 为 $m \times n$ 型矩阵，λ、μ 为实数）。

1）$(\lambda\mu)A = \lambda(\mu A)$

2）$(\lambda + \mu)A = \lambda A + \mu A$

3）$\lambda(A + B) = \lambda A + \lambda A$

矩阵与矩阵相乘的定义：设 A 是一个 $m \times s$ 型矩阵，B 是一个 $s \times n$ 型矩阵，那么规定矩阵 A 与 B 的乘积是一个 $m \times n$ 型矩阵 C。矩阵与矩阵的相乘记作：

$$C = AB$$

计算如下。

$$\begin{bmatrix} A_{i1} & A_{i2} & \cdots & A_{is} \end{bmatrix} \begin{bmatrix} B_{1j} \\ B_{2j} \\ \vdots \\ B_{sj} \end{bmatrix} =$$

$$A_{i1}B_{1j} + A_{i2}B_{2j} + \cdots + A_{ik}B_{kj} = \sum_{k=1}^{s} A_{ik}B_{kj} = C_{ij}$$

例如：

$$\begin{bmatrix} A_{11} & A_{12} & A_{13} \\ A_{21} & A_{22} & A_{23} \end{bmatrix} \begin{bmatrix} B_{11} & B_{12} \\ B_{21} & B_{22} \\ B_{31} & B_{32} \end{bmatrix} =$$

$$\begin{bmatrix} A_{11}B_{11} + A_{12}B_{2,1} + A_{13}B_{31} & A_{11}B_{12} + A_{12}B_{22} + A_{13}B_{32} \\ A_{21}B_{11} + A_{22}B_{21} + A_{23}B_{31} & A_{21}B_{12} + A_{22}B_{22} + A_{23}B_{32} \end{bmatrix}$$

矩阵不满足交换律，但在运算都可行的情况下满足结合律和分配律。

1）$(AB)C = A(BC)$

2）$\lambda(AB) = (\lambda A)B = A(\lambda B)$　（其中 λ 为实数）

3）$A(B + C) = AB + AC,\ (B + C)A = BA + CA$

下面通过 Python 代码实现 2×3 型矩阵与 3×2 型矩阵的相乘。

```python
import numpy as np

m1 = np.mat([[1, 2, 3], [4, 5, 6]])
m2 = np.mat([[11, 12], [13, 14], [15, 16]])
print "m1 * m2 = \n%s " % (m1 * m2)
```

输出为：

```
m1 * m2 =
[[ 82  88]
 [199 214]]
```

在深度学习中，本书也使用一些不那么常规的符号。我们允许矩阵和向量相加，产

7

生另一个矩阵 $C = A + a$ ，其中 $C_{ij} = A_{ij} + a_j$ 。换言之，向量 a 和矩阵 A 的每一行相加。这个简写方法使我们无须在加法操作前定义一个将向量 a 复制到每一行而生成的矩阵。这种隐式地复制向量 a 到很多位置的方式，称为**广播**（broadcasting）。

5. 单位矩阵

单位矩阵（identity matrix）：对角线上的元素都是 1 而其他的元素都是 0 的矩阵。一个 3×3 的单位矩阵如下所示。

$$I_3 = \begin{bmatrix} 1 & 0 & 0 \\ 0 & 1 & 0 \\ 0 & 0 & 1 \end{bmatrix}$$

下面通过 Python 实现单位矩阵的计算。

```python
from numpy import *
import numpy as np

m = np.mat(eye(3,3,dtype=int))
print m
```

输出为：

```
[[1 0 0]
 [0 1 0]
 [0 0 1]]
```

6. 逆矩阵

逆矩阵（matrix inversion）：对于 n 阶矩阵 A ，如果有一个 n 阶矩阵，使得

$$AB = BA = I$$

则说明矩阵 A 是可逆的，把矩阵 B 称为 A 的逆矩阵，而且矩阵是唯一的，记作 A^{-1} 。如果 $|A| \neq 0$ ，则矩阵 A 可逆，且

$$A^{-1} = \frac{1}{|A|} A^*$$

其中， A^* 称为矩阵 A 的伴随矩阵。

下面通过 Python 计算 3×3 矩阵的逆矩阵。

```
import numpy as np

m = np.mat([[2, 0, 0], [0, 4, 0], [0, 0, 8]])
I = m.I
print '矩阵: \n%s\n 的逆矩阵为: \n%s' % (m, I)
```

输出如下。

```
矩阵
[[2 0 0]
 [0 4 0]
 [0 0 8]]
的逆矩阵为:
[[0.5  0.   0.   ]
 [0.   0.25 0.   ]
 [0.   0.   0.125]]
```

下面计算 3×3 方阵的行列式。

```
import numpy as np

m = np.mat([[2, 0, 0], [0, 4, 0], [0, 0, 8]])
d = np.linalg.det(m)
print d
```

输出为:

```
64.0
```

下面计算 3×3 方阵的伴随矩阵。

```
import numpy as np

m = np.mat([[2, 0, 0], [0, 4, 0], [0, 0, 8]])
i = m.I
d = np.linalg.det(m)
a = i * d
print a
```

输出为:

```
[[32.  0.  0.]
 [ 0. 16.  0.]
 [ 0.  0.  8.]]
```

1.3.2　概率论相关知识

条件概率：在其他事件发生的条件下该事件发生的概率。计算公式如下。

$$P(X=x\,|\,Y=y)=\frac{P(X=x,Y=y)}{P(X=x)}$$

相互独立（independent）：对于两个随机变量 x 和 y，如果它们的概率分布可以表示成两个因子的乘积形式，并且一个因子只包含 x，另一个因子只包含 y，就称这两随机变量是相互独立的。计算如下。

$$\forall X\in x,y\in y,P(X=x,Y=y)=P(X=x)p(Y=y)$$

【例 1-1】　实验 E 为"抛甲、乙两枚硬币，观察正（H）反（T）面出现的情况"。设事件 A 为"甲币出现 H"，事件 B 为"乙币出现 H"。E 的样本空间如下。

$$S=\{HH,HT,TH,TT\}$$

即

$$P(A)=\frac{2}{4}=\frac{1}{2},\ P(B)=\frac{2}{4}=\frac{1}{2},\ P(B\,|\,A)=\frac{1}{2},\ P(AB)=\frac{1}{4}$$

由上述内容可得 $P(B\,|\,A)=P(B)$，而 $P(AB)=P(A)P(B)$。因此，我们知道甲币是否出现正面与乙币是否出现正面是互不影响的。

条件独立（conditionally independent）：如果关于 x 和 y 的条件概率分布对于 z 的每一个值都可以写成乘积的形式，那么这两个随机变量 x 和 y 只在给定随机变量 z 时是条件独立的。计算如下。

$$\forall X\in x,Y\in y,Z\in z,$$

$$P(X=x,Y=y\,|\,Z=z)=P(X=x\,|\,Z=z)P(Y=y\,|\,Z=z)$$

数学期望：设离散型随机变量 X 的分布律如下。

$$P\{X = x_k\} = p_x, \ k = 1, 2, 3, \cdots$$

若级数绝对收敛，则称级数 $\sum_{k=1}^{\infty} x_k p_k$ 的和为随机变量 X 的数学期望，记作 $E(X)$，公式如下。

$$E(X) = \sum_{k=1}^{\infty} x_k p_k$$

设连续型随机变量 X 的概率密度为 $f(x)$，若积分绝对收敛，则称积分 $\int_{-\infty}^{+\infty} x f(x) \mathrm{d}x$ 的值为随机变量 X 的数学期望，记作 $E(X)$，公式如下。

$$E(X) = \int_{-\infty}^{+\infty} x f(x) \mathrm{d}x$$

数学期望简称期望，又称均值。

数学期望 $E(X)$ 完全由随机变量 X 的概率分布所确定，若 X 服从某一分布，也称为 $E(X)$ 是这一分布的数学期望。

【例 1-2】　本例为离散型例题。在某家医院中，当新生儿诞生时，医生要根据婴儿的皮肤颜色、肌肉弹性、反应的敏感性、心脏的搏动等方面的情况进行评分，新生儿的得分 X 是一个随机变量，根据以往资料可知 X 的分布律如表 1-1 所示。

表 1-1　X 的分布律

X	0	1	2	3	4	5	6	7	8	9	10
$P(X)$	0.002	0.001	0.002	0.005	0.02	0.04	0.18	0.37	025	0.12	0.01

计算 X 的数学期望 $E(X)$。

$$E(X) = 0 \times 0.002 + 1 \times 0.001 + 2 \times 0.002 + 3 \times 0.005 + 4 \times 0.02 +$$

$$5 \times 0.04 + 6 \times 0.18 + 7 \times 0.37 + 8 \times 0.25 + 9 \times 0.12 + 10 \times 0.01$$

$$= 7.15$$

【例 1-3】　本例为连续型例题。有两个相互独立工作的电子元器件，它们的使用寿命（以小时计）$X_k = (k = 1, 2)$ 服从同一指数分布，其概率密度为：

$$f(x) = \begin{cases} \dfrac{1}{\theta}\mathrm{e}^{-x/\theta}, & x > 0 \\ 0, & x \leqslant 0 \end{cases}, \quad （其中，\theta > 0）$$

若将这两个电子元器件串联以组成整机，计算整机使用寿命（以小时计）N 的数学期望。

$X_k(k = 1, 2)$ 的分布函数为：

$$F(x) = \begin{cases} 1 - \mathrm{e}^{-x/\theta}, & x > 0 \\ 0, & x \leqslant 0 \end{cases}$$

$N = \min\{X_1, X_2\}$ 的分布函数为：

$$F_{\min}(x) = 1 - [1 - F(x)]^2 = \begin{cases} 1 - \mathrm{e}^{-2x/\theta}, & x > 0 \\ 0, & x \leqslant 0 \end{cases}$$

N 的概率密度为：

$$f_{\min}(x) = \begin{cases} \dfrac{2}{\theta}\mathrm{e}^{-2x/\theta}, & x > 0 \\ 0, & x \leqslant 0 \end{cases}$$

于是，N 的数学期望为：

$$E(N) = \int_{-\infty}^{\infty} x f_{\min}(x)\mathrm{d}x = \int_0^{\infty} \frac{2x}{\theta}\mathrm{e}^{-2x/\theta}\mathrm{d}x = \frac{\theta}{2}$$

方差（variance）：设 X 是一个随机变量，若 $E\{[X - E(X)]^2\}$ 存在，则称 $E\{[X - E(X)]^2\}$ 为 X 的方差，记为 $D(X)$ 或 $\mathrm{Var}(X)$，即

$$D(X) = \mathrm{Var}(X) = E\{[X - E(X)]^2\}$$

如果方差很小，那么 X 的值形成的簇比较接近它们的数学期望。方差的平方根 $\sqrt{D(X)}$ 称为**标准差**（standard deviation）或**均方差**（mean square deviation）。当 X 为离散型随机变量时，有

$$D(X) = \sum_{k=1}^{\infty} [x_k - E(X)]^2 p_k$$

当 X 为连续型随机变量时，有

$$D(X) = \int_{-\infty}^{\infty} [x - E(X)]^2 f(x)\mathrm{d}x$$

1.3.3　导数相关知识

导数（derivative）：设函数 $y = f(x)$ 在点 x_0 的某邻域 $U(x_0)$ 内有定义，当自变量 x 在点 x_0 处取得增量 Δx（$\Delta x \neq 0$ 且 $x_0 + \Delta x \in U(x_0)$）时，相应的函数 y 取得增量 $\Delta y = f(x_0 + \Delta x) - f(x_0)$，若 $\lim\limits_{\Delta x \to 0} \dfrac{\Delta y}{\Delta x} = \lim\limits_{\Delta x \to 0} \dfrac{f(x_0 + \Delta x) - f(x_0)}{\Delta x}$，则称函数 $y = f(x)$ 在点 x_0 可导，并称此极限值为函数 $y = f(x)$ 在点 x_0 的导数，记作 $f^{'}(x_0)$ 或者 $\dfrac{\mathrm{d}y}{\mathrm{d}x}\Big|_{x=x_0}$。

由上面的定义可得，若曲线 $y = f(x)$ 中存在一点 (x_0, y_0)，并且在该点可导，导数为 $f^{'}(x_0)$，那么导数 $f^{'}(x_0)$ 就是该点的斜率。

梯度下降（gradient descent）：导数对函数最小化很有用，当 Δx 足够小时，$f(x - \Delta x \text{sign}(f^{'}(x)))$ 是比 $f(x)$ 小的，因此可以将 x 往导数的反方向移动一小步来减小 $f(x)$。梯度下降示例如图 1-2 所示。

在不断重复上述操作后，最终可以得到 $f^{'}(x) = 0$，该点称为**临界点**（critical point）或**驻点**，这个驻点可能是**极大点**，或者是**极小点**，还有可能是**鞍点**（saddle point），需要进一步计算，如图 1-3 所示。

（1）如果驻点满足 $f^{'}(x - \Delta x) < 0$，$f^{'}(x + \Delta x) > 0$，则该驻点是极小点。

（2）如果驻点满足 $f^{'}(x - \Delta x) > 0$，$f^{'}(x + \Delta x) < 0$，则该驻点是极大点。

（3）如果驻点同时满足 $f^{'}(x - \Delta x) < 0$ 且 $f^{'}(x + \Delta x) < 0$ 或者同时满足 $f^{'}(x - \Delta x) > 0$ 且 $f^{'}(x + \Delta x) > 0$，则该驻点是鞍点。

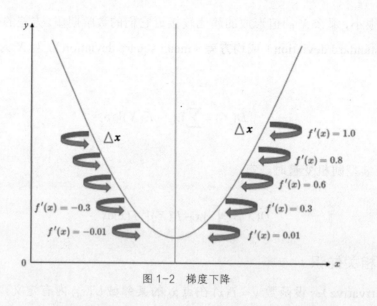

图 1-2 梯度下降

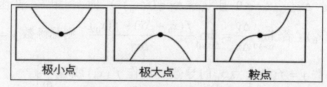

图 1-3 极大点、极小点和鞍点

　　本节介绍了一些简单的数学知识，它们是深度学习中一些比较常用的知识点。如果读者想深入学习这些数学知识，还需要寻找相关书籍进行专门的学习，这里就不展开了。接下来，简单介绍相关的深度学习理论知识。

1.4 简单的深度学习理论知识

　　有些读者可能会有这样的担忧，深度学习是不是对数学方面的要求很高呢？从作者的学习经验来看，其实也不一定。作为一个深度学习应用工程师，我们更多的是应用深度学习来解决一些实际问题，而不是专门研究算法，这对学习的要求就不是那么高了。而在通常情况下，企业也是需要这样的开发者来满足项目的需求，只要他们懂得如何使用深度学习框架、如何调用模型的超参数等即可。在这样的需求下，大学里所学的高等数学、线性代数、概率论与数理统计等知识就足够了。虽然本书主要介绍如何应用模型，但是我们还是建议读者简单了解神经网络模型的流程。

我们从简单的 *L* 层神经网络模型来解析一下神经网络模型的大体流程，图 1-4 是它的结构。

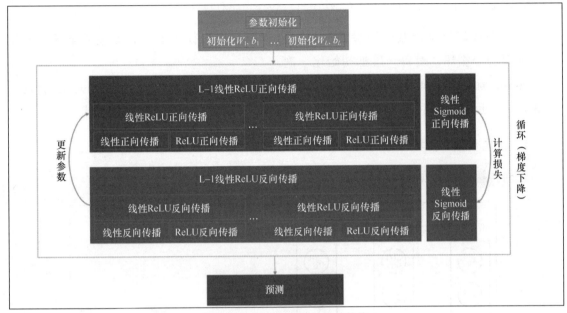

图 1-4 *L* 层神经网络模型的结构

根据上述 *L* 层神经网络模型编写一段代码，包括网络的初始化和梯度下降。

```
# 初始化模型参数
parameters = initialize_parameters(layers_dims)
# 循环 (梯度下降)
for i in range(0, num_iterations):
    # 正向传播
    AL, caches = forward(X, parameters)
    # 计算损失
    cost = compute_cost(AL, Y)
    # 反向传播
    grads = backward(AL, Y, caches)
    # 更新参数
    parameters = update_parameters(parameters, grads, learning_rate)
```

其中初始化模型参数表示将参数每一层的权重值和偏差值进行初始化，通常是对权重值进行随机初始化，而对偏差值使用零值进行初始化。除了随机初始化之外，还有一种更有效的"He"初始化。如果使用深度学习框架，那么通常框架会初始化一个相对比较好的值。下面的代码片段用于随机初始化参数。

```
parameters['W' + str(l)] = np.random.randn(layer_dims[l], layer_dims[l - 1]) /
np.sqrt(layer_dims[l - 1])
parameters['b' + str(l)] = np.zeros((layer_dims[l], 1))
```

上面的代码只是对某一层参数的权重值和偏差值进行初始化。如果要全部都初始化，就要加个循环，对每一层都初始化一次。

然后，就是一个梯度下降的循环了。这个梯度下降包含 4 个部分，分别是正向传播、计算损失、反向传播和更新参数。下面简单介绍一下这 4 个部分的计算方式。

1.　正向传播

正向传播的流程如图 1-5 所示。

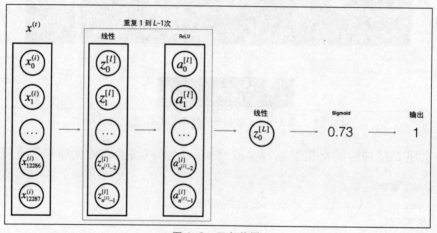

图 1-5　正向传播

正向传播使用的主要公式如下。

$$A^{[L]} = \sigma(Z^{[L]}) = \sigma(W^{[L]}A^{[L-1]} + b^{[L]})$$

正向传播的核心代码如下。

```
# 前几层使用 ReLU 线性激活函数
for l in range(1, L):
    A_prev = A
    A, cache = linear_activation_forward(A_prev,
                                    parameters['W' + str(l)],
                                    parameters['b' + str(l)],
```

```
                                             activation="relu")
    caches.append(cache)

# 最后一层使用 Sigmoid 激活函数
AL, cache = linear_activation_forward(A,
                                     parameters['W' + str(L)],
                                     parameters['b' + str(L)],
                                     activation="sigmoid")
caches.append(cache)
```

通过上述代码就完成了正向传播，接下来要计算损失函数了。

2. 计算损失

计算损失使用的公式如下。

$$\text{损失} = -\frac{1}{m}\sum_{i=1}^{m}\left(y^{(i)}\ln\left(a^{[L](i)}\right) + (1 - y^{(i)})\ln\left(1 - a^{[L](i)}\right)\right)$$

根据上述公式，编写下列计算损失函数的代码，也就完成了损失函数的计算。

```
cost = -(np.sum(np.dot(Y, np.ln(AL).T) +
        np.dot((1 - Y), np.ln(1 - AL).T))) / m
```

3. 反向传播

反向传播的流程如图 1-6 所示。

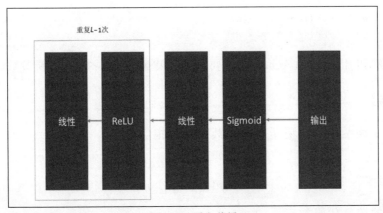

图 1-6　反向传播

在反向传播中使用的主要公式如下。

17

$$dW^{[l]} = \frac{\partial \mathcal{L}}{\partial W^{[l]}} = \frac{1}{m} dZ^{[l]} A^{[l-1]T}$$

$$db^{[l]} = \frac{\partial \mathcal{L}}{\partial b^{[l]}} = \frac{1}{m} \sum_{i=1}^{m} dZ^{[l](i)}$$

$$dA^{[l-1]} = \frac{\partial \mathcal{L}}{\partial A^{[l-1]}} = W^{[l]T} dZ^{[l]}$$

$$dZ^{[l]} = dA^{[l]} * g'(Z^{[l]})$$

根据上面的数学公式，编写以下核心代码来计算反向传播，其中主要求 dA、dW 和 db。

```
# 根据 Sigmoid 激活函数反向传播
current_cache = caches[L - 1]
grads["dA" + str(L - 1)], grads["dW" + str(L)],
    grads["db" + str(L)] = linear_activation_backward(dAL,
                                                      current_cache,
                                                      activation=" sigmoid ")

# 根据 ReLU 激活函数反向传播
for l in reversed(range(L - 1)):
    current_cache = caches[l]
    dA, dW, db = linear_activation_backward(grads["dA" + str(l + 1)],
                                            current_cache,
                                            activation="relu")
    grads["dA" + str(l)] = dA
    grads["dW" + str(l + 1)] = dW
    grads["db" + str(l + 1)] = db
```

将 dA、dW 和 db 存储在 grads 中主要是为了更新参数。接下更新参数。

4. 更新参数

主要使用下列两个公式更新参数，其中 α 是指学习率。

$$W^{[l]} = W^{[l]} - \alpha dW^{[l]}$$
$$b^{[l]} = b^{[l]} - \alpha db^{[l]}$$

更新参数的核心代码如下。

```
for l in range(L):
    parameters["W" + str(l + 1)] =
```

```
                    parameters["W" + str(l + 1)] - learning_rate * grads["dW" + str(l + 1)]
                parameters["b" + str(l + 1)] =
                    parameters["b" + str(l + 1)] - learning_rate * grads["db" + str(l + 1)]
```

到这里就完成了一次参数更新工作，之后每次更新参数都按照这样的方式进行。经过不断更新参数，使得模型与训练数据集不断进行拟合，最后得到一个最优的模型参数。使用这个模型参数，再结合模型，就可以预测我们数据了。

这里简单介绍了一个模型的简单工作流程，在实战中也可以不用关心这方面的内容，但是如果能了解内部的工作流程会更好。本书后续使用的模型不会这样简单，这里只是为了方便读者了解模型的工作流程。

1.5 小结

到此，相信读者已经对深度学习框架和深度学习理论有了进一步的了解。本章首先讲述了深度学习框架的作用，简单介绍了本书将会使用的深度学习框架 PaddlePaddle，然后介绍了一些比较常用的数学知识，最后讲述了深度学习的一些理论知识，并介绍了一个神经网络模型大致的工作流程。

掌握了相关的理论知识，我们才可以更好地研究深度学习，从而进入人工智能的世界。下一章将会介绍如何安装 PaddlePaddle。

第2章　PaddlePaddle 的安装

2.1　引言

第 1 章简单介绍了深度学习框架和深度学习的数学基础知识。读者是不是已经对深度学习充满好奇和求知欲望了呢？先不要着急，因为只有把环境搭建好，才可以更好地进行后续的开发工作。下面就开始介绍如何安装 PaddlePaddle。

本章的代码参见 GitHub 的 yeyupiaoling 主页里 BookSource 中的 chapter2。测试环境是 Python 2.7，PaddlePaddle 0.11.0。

2.2　计算机配置

在开始安装之前，先介绍作者的计算机配置情况。

- 操作系统：Ubuntu 16.0.4（64 位）。
- 处理器：Intel（R）Celeron（R）CPU。
- 内存：8GB。
- Python 版本：2.7。

若没有特别说明，后续章节的操作都在这个环境进行。如果在 Windows 下操作或者服务器上操作，那么本书会进行说明。

2.3　安装前的检查

在 PaddlePaddle 社区，有不少开发者发现这样的问题：在安装完 PaddlePaddle 之后，在初始化 PaddlePaddle 时如下代码会报错。

```
paddle.init(use_gpu=False, trainer_count=1)
```

这个多数是因为读者的计算机不支持 AVX 指令集，而在安装 PaddlePaddle 时，默认安装的是支持 AVX 指令集的版本，从而导致在初始化 PaddlePaddle 的时候报错。那么，在安装或者编译 PaddlePaddle 安装包时，要根据计算机本身的情况，选择是否支持 AVX 指令集。要查看计算机是否支持 AVX 指令集，可以在终端输入以下命令，输出"Yes"表示支持，输出"No"表示不支持。

```
if cat /proc/cpuinfo | grep -i avx; then echo Yes; else echo No; fi
```

作者的计算机是 2012 年之前购买的，不支持 AVX 指令集，因此在终端输入上面一条命令时，输出的是"No"。

2.4 使用 pip 安装

接下来介绍使用 pip 安装 PaddlePaddle 的方式，这也是比较简单的安装方式，一条命令就可以完成整个 PaddlePaddle 的安装。当以这种方式安装时默认会安装支持 AVX 版本的 PaddlePaddle，因此，下面的安装是在服务器上执行的。

通常作者是在 root 下执行这条安装命令的，以防止权限不够。如果 pip 命令已经安装，并且版本在 9.0.0 以上，就可以执行下列命令。

```
pip install paddlepaddle==0.11.0
```

如果还没有安装 pip 命令，又或者版本低于 9.0.0，那么首先要安装 pip，然后将 pip 的版本升级到 9.0.0 以上。

安装 pip 的命令如下。

```
sudo apt install python-pip
```

安装之后，还要使用命令 pip --version 查看一下 pip 的版本。如果 pip 的版本低于 9.0.0，那么先升级 pip 版本。此时，要下载一个升级文件，命令如下。

```
wget pypa 的 bootstrap 官网域名/get-pip.py
```

下载完成之后，可以使用这个文件安装最新版本的 pip 了。

```
python get-pip.py
```

到此，已经安装并升级了 pip 版本。此时，同样可以使用 pip --version 命令查看 pip

版本。然后，执行最初安装 PaddlePaddle 的命令。

现在测试一下 PaddlePaddle 是否已经安装完成，在终端中输入以下命令。

```
paddle version
```

如果输出以下 PaddlePaddle 版本信息，就证明安装成功了。

```
PaddlePaddle 0.11.0, compiled with
    with_avx: ON
    with_gpu: OFF
    with_mkl: OFF
    with_mkldnn: OFF
    with_double: OFF
    with_python: ON
    with_rdma: OFF
    with_timer: OFF
```

上面介绍的是如何安装默认的 PaddlePaddle CPU 版本，用户还可以使用 pip 安装 PaddlePaddle GPU 版本，命令如下。

```
pip install paddlepaddle-gpu
```

当然，如果安装 PaddlePaddle GPU 版本，在安装之前，还要安装 CUDA 和 cuDNN，这里就不展开介绍了，网络上的相关教程有很多，读者可以自行查阅。

有读者可能会有疑虑，如果计算机不支持 AVX 指令集，那么是不是没办法使用 pip 安装了呢？这种情况 PaddlePaddle 也考虑到了，因此 PaddlePaddle 官方提供了更多版本，作者可以从 PaddlePaddle 的 CI 系统下载需要的版本，如图 2-1 所示。

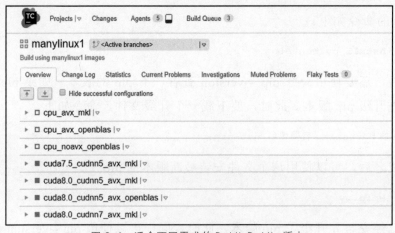

图 2-1　适合不同需求的 PaddlePaddle 版本

如果提示用户需要登录，那么可以选择游客登录方式，如图 2-2 所示。

图 2-2　登录界面

下载相应的版本之后，同样可以使用 pip 命令安装。例如，作者下载了一个名为
paddlepaddle-0.11.0-cp27-cp27mu-linux_x86_64.whl 的 PaddlePaddle 版本。进入下载目录，
执行下面这条命令。

```
pip install paddlepaddle-0.11.0-cp27-cp27mu-linux_x86_64.whl
```

关于使用 pip 安装 PaddlePaddle 的方式就介绍到这里。到目前为止，PaddlePaddle
的安装已经完成了，可以正常使用 PaddlePaddle。接下来会介绍更高级的安装方式，读
者可以选择性阅读并尝试。另外，如果读者不需要了解更高级的安装方式，那么可以直
接进行本章最后的测试工作。通过测试之后，就可以直接进入下一章并开始你的
PaddlePaddle 之旅了。

2.5　使用 Docker 安装

为什么要使用 Docker 安装 PaddlePaddle 呢？Docker 是完全使用沙箱机制的一个容
器，这个容器的安装环境是不会影响到本身系统的环境的。通俗来说，它就是一个虚拟
机，但是它本身的性能开销很小。在使用 Docker 安装 PaddlePaddle 前，首先要安装 Docker，
命令如下。

```
sudo apt-get install docker.io
```

安装完 Docker 之后，可以使用 docker --version 查看 Docker 的版本。如果显示了版本信息，就证明安装成功了。可以使用 docker images 查看已经安装的镜像。一切都没有问题之后，就可以用 Docker 安装 PaddlePaddle 了，命令如下。

```
docker pull hub.baiduce.com/paddlePaddle/paddle:0.11.0
```

这个镜像有点大，安装速度与读者使用的带宽有关。安装完成后，可以再使用 docker images 命令查看安装的镜像，可以发现镜像的名字和 TAG 相同，其他信息一般不同。

```
hub.baiduce.com/paddlePaddle/paddle:0.11.0  f30834d3f750  13 days ago  1.38GB
```

下载镜像完成之后，就可使用镜像了。这个镜像已经包含了 PaddlePaddle 所需的大部分环境，并且不依赖本地的环境。要检查 Docker 镜像的情况，可以使用以下命令查看镜像中 PaddlePaddle 的版本信息。

```
docker run -it paddlepaddle/paddle:latest-noavx-openblas paddle version
```

正常情况下，会输出以下信息。

```
PaddlePaddle 0.11.0, compiled with
    with_avx: OFF
    with_gpu: OFF
    with_mkl: OFF
    with_mkldnn: OFF
    with_double: OFF
    with_python: ON
    with_rdma: OFF
    with_timer: OFF
```

同样，PaddlePaddle 官方也提供了多个版本的镜像，读者可以从 Docker Hub 官网下载自己需要的版本。如果读者觉得下载镜像的速度比较慢，那么把 Paddlepaddle 换成国内的镜像，速度可能会快很多，但是不是所有的情况都可以这样，有些镜像国内不一定提供。

前面简单介绍了一下如何使用 Docker 安装 PaddlePaddle。要深入了解 Docker 的使用，可以自行查看网络上的相关教程。接下来，从源码编译并生成 PaddlePaddle 的安装包。

2.6　从源码编译并生成安装包

不同用户的硬件环境有很大的不同，PaddlePaddle 官方给出的 pip 安装包不一定符合不同用户的需求。例如，作者的计算机是不支持 AVX 指令集的，并且需要最新版本的 PaddlePaddle，而 PaddlePaddle 官方不一定能够及时提供，因此需要根据自己的需求来制作一个安装包。

2.6.1　在本地编译并生成安装包

1. 搭建依赖环境

在一切开始之前，先要搭建依赖环境。表 2-1 是官方给出的依赖环境。

表 2-1　依赖环境

依赖的环境	版　　本	说　　　　明
GCC	4.8.2	推荐使用 CentOS 的 DevTools2
CMake	3.2 及以上	—
Python	2.7.x	依赖 libpython2.7.so
pip	9.0 及以上	—
numpy	—	—
SWIG	2.0 及以上	—
Go	1.8 及以上	可选

（1）安装 GCC

目前的 Ubuntu 系统一般都高于这个版本，可以使用 gcc --version 查看安装的版本。例如，作者使用的 GCC 的版本是 4.8.4，如果读者使用的 GCC 的版本低于 4.8.2，就需要进行更新。

```
sudo apt-get install gcc-4.9
```

（2）安装 CMake

1）从 CMake 官网下载 CMake 源码。

```
wget https:// CMake 官网域名/files/v3.8/cmake-3.8.0.tar.gz
```

2）解压源码。

```
tar -zxvf cmake-3.8.0.tar.gz
```

3）依次执行下面的代码。

```
# 进入解压后的目录
cd cmake-3.8.0
# 执行当前目录中的 bootstrap 程序
./bootstrap
make
# 开始安装
sudo make install
```

4）使用命令 cmake --version 查看是否安装成功，如果正常显示版本，那么说明已经安装成功了。

（3）安装 pip

关于安装 pip 9.0.0 以上的版本，2.4 节已经提到过了，这里就不再赘述了。

（4）安装 NumPy

安装 NumPy 其实很简单，执行一条命令就可以了。

```
sudo apt-get install python-numpy
```

顺便说一下，Matplotlib 这个包也经常用到，建议安装。

```
sudo apt-get install python-matplotlib
```

（5）安装 SWIG

执行下列代码安装 SWIG，安装成功之后，使用 swig -version 检查安装结果。

```
sudo apt-get install -y git curl gfortran make build-essential automake swig
libboost-all-dev
```

（6）安装 Go

Go 是安装可选项，若有需求，可进行安装。同样，可使用 go version 查看安装结果。

```
sudo apt-get install golang
```

到这里，依赖环境就已经搭建好了。下面准备安装 PaddlePaddle。

2. 通过 GitHub 获取 PaddlePaddle 源码

使用 git 命令复制官方的 PaddlePaddle 源码。由于这部分源码比较大，因此在复制的时候可能会比较慢。

```
git clone https:// GitHub 官网域名/PaddlePaddle/Paddle.git
```

3. 输入命令

下面输入以下相关命令。

```
# 切换到刚下载的 Paddle 目录下
cd Paddle  **git checkout release/0.11.0
# 创建一个 build 文件夹
mkdir build
# 进入 build 文件夹
cd build
# 选择用户自己的需求,这里作者没有使用 GPU,不支持 AVX
# 为了节省空间,作者把测试关闭了,这样会减少很多空间
cmake .. -DWITH_GPU=OFF -DWITH_AVX=OFF -DWITH_TESTING=OFF
# 最后执行 make 命令,生成用户想要的安装包,这个过程可能很久,一定要有耐心
make
```

执行 make 命令并经过一段时间等待之后,将会生成用户想要的安装包,它保存在目录 Paddle/build/python/dist 下。例如,作者在该目录下有一个安装包 paddlepaddle-0.11.0-cp27-cp27mu-linux_x86_64.whl,读者的安装包的命名可能不是这样。然后,用户就可以进行安装了,这里使用 pip 安装方式。

```
# 切换到 dist 目录
cd build/python/dist/
# 用户的安装包名字可能不一样。如果权限不够,可在 root 下执行相关命令
pip install paddlepaddle-0.11.0-cp27-cp27mu-linux_x86_64.whl
```

此时,用户就完成了 PaddlePaddle 的安装,然后测试一下 PaddlePaddle 是否已经安装成功,可在终端中输入以下命令。

```
paddle version
```

如果可以正常输出 PaddlePaddle 版本信息,就证明 PaddlePaddle 安装成功了。

在上面的编译过程中,使用对应的编译参数来生成所需的 PaddlePaddle 版本,如使用 DWITH_GPU 来指定编译的 PaddlePaddle 是否支持 GPU 版本。这种参数还有很多(见表 2-2)。

表 2-2　编译参数

选　　项	说　　明	默　认　值
WITH_GPU	表示是否支持 GPU	ON
WITH_C_API	表示是否仅编译 CAPI	OFF
WITH_DOUBLE	表示是否使用双精度浮点数	OFF
WITH_DSO	表示是否运行时动态加载 CUDA 动态库，而非静态加载 CUDA 动态库	ON
WITH_AVX	表示是否编译含有 AVX 指令集的 PaddlePaddle 二进制文件	ON
WITH_PYTHON	表示是否内嵌 Python 解释器	ON
WITH_STYLE_CHECK	表示是否编译时进行代码风格检查	ON
WITH_TESTING	表示是否开启单元测试	OFF
WITH_DOC	表示是否编译中英文文档	OFF
WITH_SWIG_PY	表示是否编译 Python 的 SWIG 接口，该接口可用于预测和定制化训练	Auto
WITH_GOLANG	表示是否编译 Go 语言的可容错参数服务器	OFF
WITH_MKL	表示是否使用 MKL 数学库，如果不使用，则使用 OpenBLAS	ON

2.6.2　在 Docker 中编译并生成安装包

相对于本地编译，使用 Docker 编译就会轻松很多。步骤如下。

1）通过 GitHub 获取 PaddlePaddle 源码。

```
git clone https:// GitHub 官网域名/PaddlePaddle/Paddle.git
```

2）切换到项目的根目录。

```
cd Paddle
```

3）执行以下代码，生成 whl 安装包，这与在本地操作差不多。

```
# 启动并进入镜像
docker run -v $PWD:/paddle -it hub.baidubce.com/paddlepaddle/paddle:latest-dev
/bin/bash
# 创建并进入 build 镜像
mkdir -p /paddle/build && cd /paddle/build  ** git checkout release/0.11.0
# 安装缺少的依赖环境
pip install protobuf==3.1.0
# 安装依赖环境
apt install patchelf
```

```
# 生成编译环境
cmake .. -DWITH_GPU=OFF -DWITH_AVX=OFF -DWITH_TESTING=OFF
# 开始编译
make -j4
```

然后使用 exit 命令退出镜像，在 Ubuntu 系统本地的 Paddle/build/python/dist 下生成一个安装包。对比在本地生成安装包的方式，Docker 方式确实简单很多。这就是 Docker 的强大之处，所有的依赖环境都已经帮用户搭建好了，现在只要安装这个安装包就行了。

```
# 切换到 dist 目录
cd build/python/dist/
# 用户的安装包名字可能不一样。如果权限不够，可在 root 下执行相关命令
pip install paddlepaddle-0.11.0-cp27-cp27mu-linux_x86_64.whl
```

关于测试是否安装成功的部分，这里就不再赘述了，读者可查看相关内容。

关于 PaddlePaddle 的安装包的编译就介绍到这里，读者可以根据自己的需求编译所需的 PaddlePaddle 版本。下一节将要介绍如何使用源码编译自己的 Docker 镜像。既然 PaddlePaddle 的安装包都可以自己编译，那么 Docker 镜像肯定也可以自己编译。

2.7 编译 Docker 镜像

如果读者比较喜欢使用 Docker 来运行 PaddlePaddle 代码，但是又没有你想要的镜像，这时就要自己制作一个 Docker 镜像了。比如，因为作者的计算机是不支持 AVX 指令集的，所以就需要一个不用 AVX 指令集的镜像。编译 Docker 镜像的步骤如下。

1）从 GitHub 下载源码。

```
git clone GitHub 官网域名/PaddlePaddle/Paddle.git
```

2）安装开发工具到 Docker 镜像中。

```
# 切换到 Paddle 目录下
cd Paddle    ** git checkout release/0.11.0
# 下载依赖环境并创建镜像，别少了最后的"."
docker build -t paddle:dev .
```

如果它不能够正常命名为 paddle:dev，那么可以对它重命名，ID 必须是对应镜像的 ID。命令格式如下。

```
# docker tag <镜像对应的 ID> <镜像名:TAG>
```

例如，docker tag 1e835127cf33 paddle:dev。

3）编译。

```
# 编译要很久，请耐心等待
docker run --rm -e WITH_GPU=OFF -e WITH_AVX=OFF -v $PWD:/paddle paddle:dev
```

安装完成之后，使用 docker images 查看刚才安装的镜像，使用这个镜像运行 PaddlePaddle 代码。

到这里我们又掌握了一种安装 PaddlePaddle 的方式，但这个都是在 Ubuntu 系统下操作的。因为很多开发者都是对 Windows 系统比较熟悉，而且在 Windows 办公环境下比较方便，所以来回切换系统非常麻烦。接下来介绍如何在 Windows 系统下安装 PaddlePaddle。

2.8　在 Windows 操作系统中安装 PaddlePaddle 的方法

PaddlePaddle 目前还不支持 Windows 系统，如果读者直接在 Windows 系统上使用 pip 方式安装 PaddlePaddle，就会提示没有找到该安装包。如果读者需要在 Windows 操作系统上工作，那么这里提供以下建议。

1）在 Windows 系统上使用 Docker 容器，在 Docker 容器上安装带有 PaddlePaddle 的镜像。

2）在 Windows 系统上安装虚拟机，再在虚拟机上安装 Ubuntu，安装 Ubuntu 之后按照上面介绍的 Ubuntu 使用方式进行操作。

3）如果用户的操作系统是 Windows 10，就可以在 Windows 系统中安装 Linux 子系统，安装完成子系统之后，同样可以按照 Ubuntu 使用教程进行操作。

2.8.1　在 Windows 系统中安装 Docker 容器

首先下载 Docker 容器的工具包 Docker Toolbox，本书使用的这个工具包不仅有 Docker，它还包含了 VirtualBox 虚拟机，这样用户就不用单独安装 VirtualBox 虚拟机了。用户可从 Docker 官网下载 Docker Toolbox。

下载 Docker Toolbox 之后，就可以直接安装了。双击 Docker Toolbox 安装包，出现图 2-3 所示的安装向导。

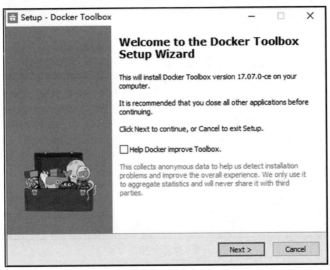

图 2-3　Docker Toolbox 安装向导

　　在单击 Next 按钮之后，会出现选择安装路径的界面，这里使用默认的安装路径，如图 2-4 所示。

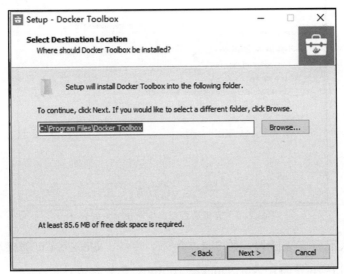

图 2-4　选择安装路径

　　接下来，安装所依赖的软件，因为作者之前在计算机上已经安装了 Git，所以在这里就不安装了，其他复选框都要勾选，如图 2-5 所示。

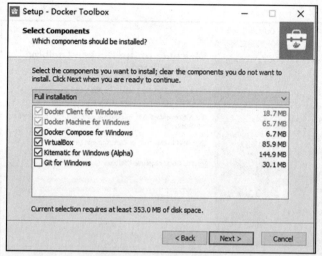

图 2-5　安装依赖的软件

接下来，选择是否允许程序创建桌面快捷方式等，如图 2-6 所示。

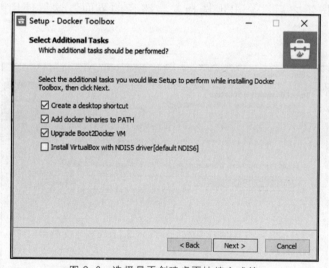

图 2-6　选择是否创建桌面快捷方式等

接下来，进入准备安装阶段，如图 2-7 所示。注意，安装过程可能需要等待一段时间。
若出现图 2-8 所示界面，表示 Docker Toolbox 安装完成。

在安装完 Docker Toolbox 之后，如果直接启动 Docker，就可能会较长时间地停留在
这里，因为它需要下载一个 boot2docker.iso 镜像。因此，还要进行下一步操作，但是建
议最好让程序自己下载，这样可以保证这个镜像是最新的。命令窗口输出的信息如下。

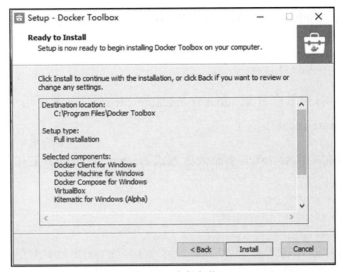

图 2-7　准备安装

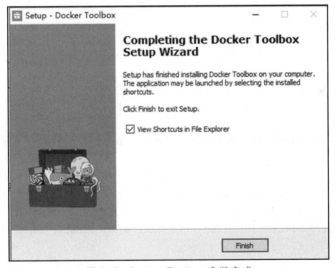

图 2-8　Docker Toolbox 安装完成

```
Running pre-create checks...
(default) No default Boot2Docker ISO found locally, downloading the
latest release...
(default) Latest release for github.com/boot2docker/boot2docker is
v17.12.1-ce
(default) Downloading C:\Users\15696\.docker\machine\cache\boot2docker.iso from
https://GitHub官网域名/boot2docker/boot2docker/releases/download/v17.12.1-
ce/boot2docker.iso...
```

在下载 Docker Toolbox 的时候，这个工具其实就已经带有 boot2docker.iso 镜像了，并且保存在 Docker Toolbox 安装的路径上，作者计算机上的路径是 C:\Program Files\Docker Toolbox\boot2docker.iso。

将这个镜像复制到用户目录\.docker\machine\cache\，作者使用的目录是 C:\Users\15696\.docker\machine\cache\。

复制或者下载完成之后，双击桌面快捷方式 Docker Quickstart Terminal，启动 Docker，命令窗口会输出以下信息。

```
Running pre-create checks...
Creating machine...
(default) Copying C:\Users\15696\.docker\machine\cache\boot2docker.iso to
C:\Users\15696\.docker\machine\machines\default\boot2docker.iso...
(default) Creating VirtualBox VM...
(default) Creating SSH key...
(default) Starting the VM...
(default) Check network to re-create if needed...
(default) Windows might ask for the permission to create a network
adapter.
Sometimes, such confirmation window is minimized in the taskbar.
(default) Found a new host-only adapter: "VirtualBox Host-Only Ethernet Adapter
 #3"
(default) Windows might ask for the permission to configure a network
adapter.
Sometimes, such confirmation window is minimized in the taskbar.
(default) Windows might ask for the permission to configure a dhcp
server.
Sometimes, such confirmation window is minimized in the taskbar.
(default) Waiting for an IP...
```

过了一段时间后，若可以看到以下 Docker 标识，就表示成功安装 Docker 容器了。

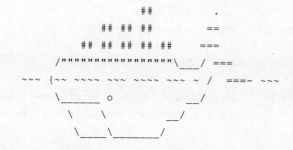

```
docker is configured to use the default machine with IP 192.168.99.100
For help getting started, check out the docs at https:// Docker 文档官方域名

Start interactive shell

15696@e MINGW64 ~
$
```

然后，就可以使用 Docker 方式来安装 PaddlePaddle 了。具体步骤可参考 2.5 节。

2.8.2 在 Windows 系统中安装 Ubuntu

如果读者不习惯使用 Docker，那么可以选择在 Windows 系统中利用虚拟机方式安装 Ubuntu。虚拟机有很多种，这里使用的是开源的 VirtualBox。安装步骤如下。

1）安装完 VirtualBox 虚拟机之后，进入 VirtualBox 虚拟机中，单击"新建"，创建一个系统，如图 2-9 所示。

2）选择分配的内存，这里只分配了 2GB 内存，如果正式使用 PaddlePaddle 训练模型，这远远不够，读者可以根据需求分配内存，如图 2-10 所示。

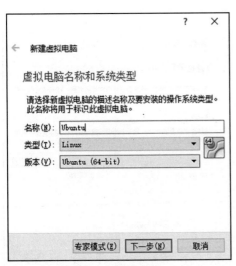

图 2-9 新建虚拟机

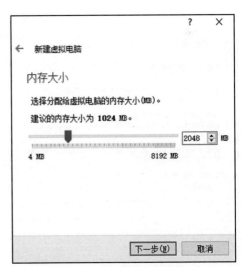

图 2-10 给虚拟机分配内存

3）创建一个虚拟硬盘，如图 2-11 所示。

4）选择默认的 VDI 硬盘文件类型，如图 2-12 所示。

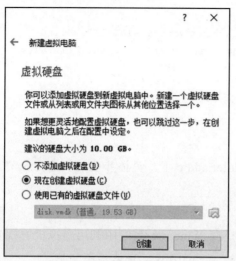

图 2-11　创建虚拟硬盘

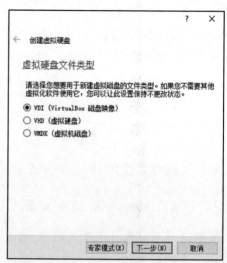

图 2-12　选择硬盘文件类型

5）这里最好选择"动态分配"单选按钮，如图 2-13 所示，这样虚拟机会根据实际占用的空间大小使用计算机本身的磁盘，降低计算机磁盘空间的占用率。如果选择"固定大小"单选按钮，那么创建的虚拟机的虚拟硬盘一开始就是用户设置的大小了。

6）选择虚拟硬盘大小，最好设置为 20GB 以上，这里选择了 30GB，如图 2-14 所示。

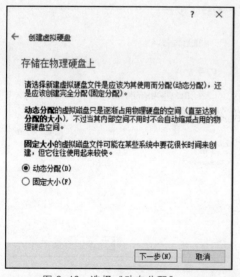

图 2-13　选择"动态分配"

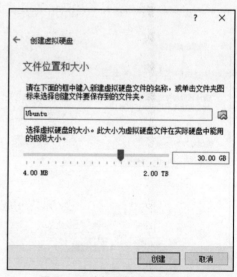

图 2-14　选择虚拟硬盘的大小

7）选择刚才创建的 Ubuntu 系统，进行设置。在系统中，取消勾选"软驱"复选框，然后单击"存储"选项，选择 Ubuntu 镜像，这里使用的是 64 位 Ubuntu 16.04 桌面版的镜像，如图 2-15 所示。

图 2-15　Ubuntu 的相关设置

8）启动安装 Ubuntu。选择创建的 Ubuntu 系统，单击"启动"进入开始安装界面。为了方便使用，这里选择的是中文版，如图 2-16 所示。

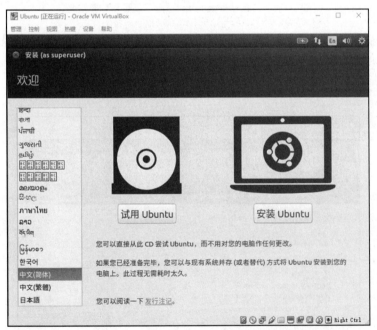

图 2-16　准备安装

9）为了在安装之后不用再安装和更新应用，勾选"安装 Ubuntu 时下载更新"复选框，这样在安装的时候就会更新应用，如图 2-17 所示。

图 2-17　勾选"安装 Ubuntu 时下载更新"复选框

　　10）选择安装的硬盘。因为本例使用的是自己创建的整块硬盘，所以可以直接选择"清除整个磁盘并安装 Ubuntu"单选按钮，也就是说，这里就不用考虑分区和挂载问题了，如图 2-18 所示。

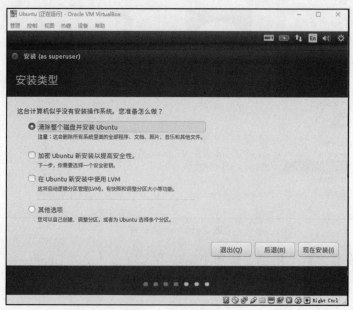

图 2-18　选择安装类型

11）选择用户所在的位置，这里随便选择了一个城市，如图 2-19 所示。

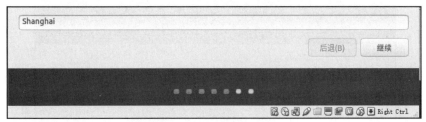

图 2-19　选择用户所在位置

12）选择键盘的布局，通常的键盘布局都是"英语（美国）"，如图 2-20 所示。

图 2-20　选择键盘布局

13）设置 Ubuntu 的用户名和密码，如图 2-21 所示。

14）开始安装系统，该安装过程可能有点久，需要耐心等待，如图 2-22 所示。

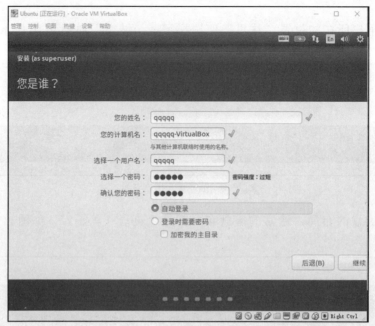

图 2-21　创建用户名和密码

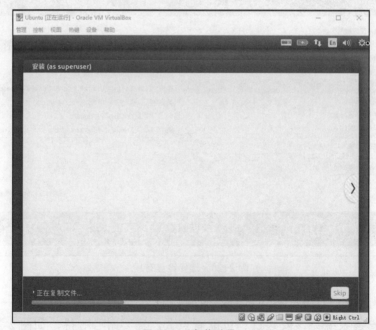

图 2-22　安装过程

15）安装完成之后就可以在 Windows 系统上使用 Ubuntu 系统了，然后用户就可以利用 Ubuntu 来学习并使用 PaddlePaddle 进行深度学习了。注意，安装完成之后，最好把移除存储器中设置的 Ubuntu 镜像。Ubuntu 系统安装成功后的桌面如图 2-23 所示。

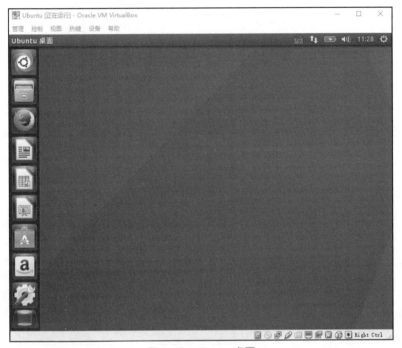

图 2-23 Ubuntu 桌面

本节详细介绍了如何安装 Ubuntu 虚拟机，这个虚拟机与正常的 Ubuntu 系统没有什么不同，可以正常使用。

2.8.3 在 Windows 10 中安装 Linux 子系统

如果读者使用的是 Windows 10，那么可以使用 Windows 系统自带的 Linux 子系统，安装步骤如下。

1）在"控制面板"中，选择"程序"→"程序和功能"，启用 Windows 功能，如图 2-24 所示。

图 2-24 启用 Windows 功能

2）勾选"适用于 Linux 的 Windows 子系统"复选框，如图 2-25 所示。

图 2-25　勾选"适用于 Linux 的 Windows 子系统"复选框

3）依次选择"设置"→"更新和安全"→"针对开发人员"，接着单击"开发人员模式"单选按钮，最后确定启动，如图 2-26 所示。

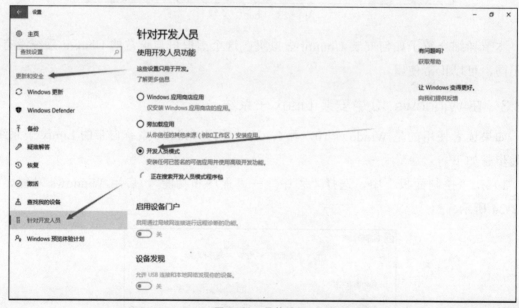

图 2-26　具体设置

4）打开 PowerShell，它类似于 Ubuntu 的终端，如图 2-27 所示。

5）若要开始安装 Windows 子系统，那么在 PowerShell 里输入以下命令，而且在安装过程中要设置一些必要的信息。

图 2-27　打开 PowerShell

```
lxrun /install
```

6）使用 Windows 子系统，只要在 PowerShell 中输入 bash 就可以进入 Linux 系统了，并且 Windows 硬盘都是保存在/mnt 目录下的。在这里，用户就可以像操作 Ubuntu 的终端那样使用这个 PowerShell 了。

到目前为止，在 Windows 上使用 PaddlePaddle 的多种方式都介绍完成了。接下来，编写一个 PaddlePaddle 程序来运行一下，测试安装的效果。

2.9　测试安装效果

本书使用官方给出的一个例子来测试 PaddlePaddle 是否安装成功。具体步骤如下。

1）创建一个记事本，命名为 housing.py，并输入以下代码。

```python
import paddle.v2 as paddle

paddle.init(use_gpu=False, trainer_count=1)

x = paddle.layer.data(name='x', type=paddle.data_type.dense_vector(13))
y_predict = paddle.layer.fc(input=x, size=1, act=paddle.activation.
Linear())

probs = paddle.infer(
    output_layer=y_predict,
    parameters=paddle.dataset.uci_housing.model(),
    input=[item for item in paddle.dataset.uci_housing.test()()])

for i in xrange(len(probs)):
    print 'Predicted price: ${:,.2f}'.format(probs[i][0] * 1000)
```

2）执行上述代码段。若在本地执行该段代码，需要输入下面的命令。

```
python housing.py
```

若在 Docker 上执行，需要输入下面的命令。

```
docker run -v $PWD:/work -w /work \
    paddlepaddle/paddle:latest-noavx-openblas python housing.py
```

-v 参数表示把本地目录挂载到 Docker 镜像的目录上，对于 Windows 10，只能挂载在 C 盘的用户目录下。-w 参数设置该目录为工作目录，使用的镜像是在 2.5 节安装的镜像 paddlepaddle/paddle:latest-noavx-openblas。

3）正常情况下，终端会输出下面的日志。

```
I0116 08:40:12.004096     1 Util.cpp:166] commandline: --use_gpu=False --trainer_
count=1
Cache file /root/.cache/paddle/dataset/fit_a_line.tar/fit_a_line.tar
not found, downloading https://GitHub 官网域名/PaddlePaddle/book/raw/develop/01.fit_
a_line/ fit_a_line.tar
[====================================================]
Cache file /root/.cache/paddle/dataset/uci_housing/housing.data not found, down
loading https://uci 官网域名/ml/machine-learning-databases/housing/housing.data
[====================================================]
Predicted price: $12,316.63
Predicted price: $13,830.34
Predicted price: $11,499.34
Predicted price: $17,395.05
Predicted price: $13,317.67
Predicted price: $16,834.08
Predicted price: $16,632.04
```

如果没有成功运行该段代码，而且报错信息如下，说明安装的 PaddlePaddle 版本过低，用户需要安装高版本的 PaddlePaddle，因为旧版本没有 paddle.dataset.uci_housing.model() 这个函数。

```
I0116 13:53:48.957136 15297 Util.cpp:166] commandline: --use_gpu=False --trainer_
count=1
Traceback (most recent call last):
  File "housing.py", line 13, in <module>
    parameters=paddle.dataset.uci_housing.model(),
AttributeError: 'module' object has no attribute 'model'
```

2.10 小结

本章介绍了如何在 Ubuntu 下安装 PaddlePaddle 和安装带有 PaddlePaddle 环境的 Docker 镜像，并且为了方便 Windows 的开发者使用 PaddlePaddle，又介绍了如何在 Windows 下安装 Docker 容器、Ubuntu 虚拟机，以及如何在 Windows 10 中安装 Linux 子系统。安装方法之多，覆盖面之广，可以满足不同开发者的需求。下一章将介绍本书的第一个深度学习实例，这个实例用于实现深度学习中的手写数字识别。

第3章 使用 MNIST 数据集实现手写数字识别

3.1 引言

在上一章，我们已经搭建了 PaddlePaddle 的开发环境，接下来就可以开始深度学习之旅了。读者是否还记得学习编程时的入门实例是什么吗？相信大多数读者都见过"HelloWorld"这个示例。虽然这个例子非常简单，但是它能够激发用户对编程的兴趣。下面介绍深度学习的入门示例——深度学习中的手写数字识别。

本章代码参见 GitHub 的 yeyupiaoling 主页里 BookSource 中的 chapter3。测试环境是 Python 2.7 和 PaddlePaddle 0.11.0。

3.2 数据集

本章使用的是 MNIST 数据集中的手写数字，这个数据集包含 60000 个示例训练集以及 10000 个示例测试集。其中，图片大小是 28×28 像素，标签则对应 0~9 这 10 个数字。这个数据集中的每张图片都经过了归一化和居中处理。该数据集中的一幅图片是黑白的单通道图片，如图 3-1 所示。

图 3-1 包含手写数字的单通道图片

MNIST 数据集非常小，很适合图像识别的入门使用。MNIST 数据集一共有 4 个文件，分别是训练数据图片及其对应的标签和测试数据图片及其对应的标签（见表 3-1）。

表 3-1 MNIST 数据集的结构

文 件 名 称	大　　小	说　　明
train-images-idx3-ubyte	9.9MB	训练数据图片，有 60 000 条数据
train-labels-idx1-ubyte	28.9KB	训练数据标签，有 60 000 条数据
t10k-images-idx3-ubyte	1.6MB	测试数据图片，有 10 000 条数据
t10k-labels-idx1-ubyte	4.5KB	测试数据标签，有 10 000 条数据

关于 MNIST 数据集的详细内容，可以参考 MNIST 数据集的官方网站。对于大于 170MB 的 CIFAR 数据集（下一章使用的数据集）来说，MNIST 数据集实在是太小了，但这会使得训练速度非常快，也能一下子激发开发者的兴趣。

在使用 MNIST 数据集训练时，开发者不需要单独下载该数据集，因为 PaddlePaddle 已经帮用户封装好了，在调用 paddle.dataset.mnist 的时候，会自动下载到缓存目录 /home/username/.cache/paddle/dataset/mnist 中，当以后再使用的时候，可以直接在缓存中获取。

3.3 定义神经网络模型

在定义神经网络之前，先要定义输入的数据和标签。其中输入数据是 28×28 像素的灰度图像，因此，输入数据的大小是 $X = (x_0, x_1, \ldots, x_{783})$。因为标签是图像对应的数字的 10 个类别，所以输入标签的大小为 $Y = (y_0, y_1, \ldots, y_9)$。

本书使用的是卷积神经网络 LeNet-5，这个神经网络模型一共有 5 层，分别是两个卷积层、两个池化层和一个全连接层。与 VGG16 这个神经网络相比，LeNet-5 是比较简单的，这在训练的时候会快很多，因为网络比较浅，计算量比较小，而且对于这个数据集是足够的。在图像识别问题上，一直使用卷积神经网络。LeNet-5 的结构如图 3-2 所示。

可以看到，模型的开始就是一幅输入图像，接下来是一个卷积层，通过卷积层提取特征，然后是一个池化层，接着又是一个卷积层和一个池化层，最后是一个全连接层。

1. 卷积层

前面多次提到卷积层，那么卷积层是什么呢？本书使用的 LeNet-5 的模型就是一个卷积神经网络，而卷积层是卷积神经网络的核心。在图像识别中的卷积是二维卷积，也就是离散二维滤波器（也称作卷积核）与二维图像进行卷积运算。其中 LeNet-5 的卷积层中卷积核的大小是 5×5，通常 3×3 大小的卷积核会更多。卷积运算是二维滤波器滑动到二维图像上所有位置，并在每个位置上与该像素点及其领域像素点求内积。卷积运算并不只是在用户的卷积神经网络中使用，在图像处理领域也经常使用。不同卷积核可以提取不同的特征，如边沿、线性、角等特征。在深层卷积神经网络中，通过卷积运算可以提取出图像中不同复杂度的特征。图 3-3 表示卷积运算。

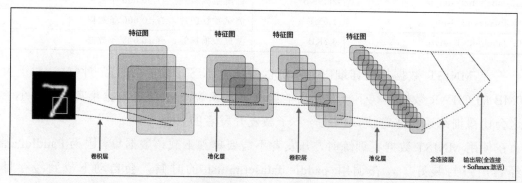

图 3-2 LeNet-5 结构

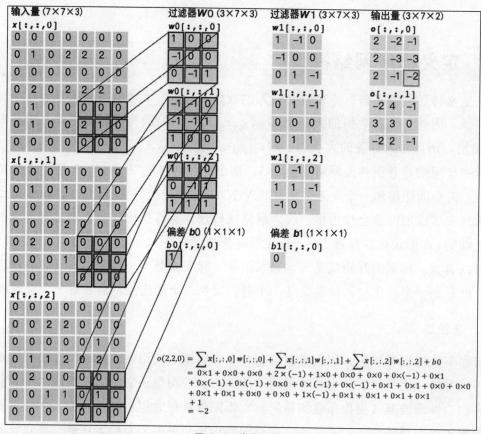

图 3-3 卷积运算

2. 池化层

卷积层之后就是池化层。池化是非线性下采样的一种形式，主要作用是通过减少网络的参数来减小计算量，并且能够在一定程度上控制过拟合。通常在卷积层的后面会加上一个池化层，因此在 PaddlePaddle 的 simple_img_conv_pool()函数中结合了卷积层和池化层。池化包括最大池化、平均池化等。其中最大池化使用不重叠的矩形框将输入层分成不同的区域，对于每个矩形框的数，取最大值作为输出层。图 3-4 表示的就是一个最大池化操作。

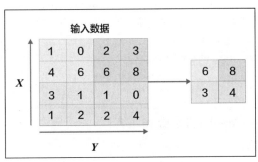

图 3-4　最大池化操作

3. 全连接层

全连接层在整个卷积神经网络中起到"分类器"的作用。例如，这里最好的一个池化层输出的大小是 800，但是分类总数是 10，因此使用一个全连接层 fc()后，输出的大小是 10，对应的是分类总数。

接下来，创建一个名为 cnn.py 的 Python 文件来定义一个 LeNet-5 神经网络，代码如下。

```python
import paddle.v2 as paddle

# 定义卷积神经网络 LeNet-5,获取分类器
def convolutional_neural_network():
    # 定义数据模型,数据大小是 28×28,即 784
    img = paddle.layer.data(name="pixel",
                            type=paddle.data_type.dense_vector(784))
    # 第一个卷积-池化层
    conv_pool_1 = paddle.networks.simple_img_conv_pool(input=img,
                                                       filter_size=5,
                                                       num_filters=20,
                                                       num_channel=1,
```

```
                                              pool_size=2,
                                              pool_stride=2,
                                  act=paddle.activation.Relu())
    # 第二个卷积-池化层
    conv_pool_2 = paddle.networks.simple_img_conv_pool(input=conv_pool_1,
                                            filter_size=5,
                                            num_filters=50,
                                            num_channel=20,
                                            pool_size=2,
                                            pool_stride=2,
                                  act=paddle.activation.Relu())
    # 以 Softmax 为激活函数的全连接层中，输出层的大小必须为数字的个数 10
    predict = paddle.layer.fc(input=conv_pool_2,
                              size=10,
                              act=paddle.activation.Softmax())
    return predict
```

其中 simple_img_conv_pool() 的参数如下。

- input 为输入数据。
- filter_size 为卷积核的大小。
- num_filters 为卷积核的数量。
- num_channel 为数据通道数。
- pool_size 为池化层大小。
- pool_stride 为池化滑动步长。
- act 为激活函数。

3.4　开始训练模型

下面创建一个名为 train.py 的 Python 文件来编写训练的代码。

3.4.1　导入依赖包

首先导入依赖包，其中就包含了 PaddlePaddle 中重要的 V2 包。

```
import os
import sys
import paddle.v2 as paddle
from cnn import convolutional_neural_network
```

3.4.2　初始化 Paddle

下面创建一个 TestMNIST 类，并在类中创建一个初始化函数，在该初始化函数中初始化 PaddlePaddle。在初始化 PaddlePaddle 的时候，就要指定是否使用 GPU 来训练用户的模型，同时指定使用多少个线程来训练。

```python
class TestMNIST:
    def __init__(self):
        #该模型不使用 GPU，使用两个 CPU
        paddle.init(use_gpu=False, trainer_count=2)
```

3.4.3　获取训练器

下面创建一个训练器，因为要使用这个训练器训练数据。创建训练器需要 3 个参数——损失函数、训练参数和优化方法。

- 损失函数：使用前面在定义神经网络时获得的分类器，然后结合数据集的标签来生成一个损失函数。
- 训练参数：对于这个模型的参数，可以使用损失函数生成一个参数，也可以使用之前训练好的模型参数初始化这个参数。
- 优化方法：用于定义学习率等在训练中的优化处理。

代码如下。

```python
def get_trainer(self):

    # 获取分类器
    out = convolutional_neural_network()

    # 定义标签
    label = paddle.layer.data(name="label",
                              type=paddle.data_type.integer_value(10))

    # 获取损失函数
    cost = paddle.layer.classification_cost(input=out, label=label)

    # 获取参数
    parameters = paddle.parameters.create(layers=cost)

    """
    定义优化方法
```

```
learning_rate 表示学习率
momentum 表示与前面动量优化的比例
regularzation 表示正则化,防止过拟合
"""
optimizer = paddle.optimizer.Momentum(learning_rate=0.1 / 128.0,
                                      momentum=0.9,
                                      regularization=paddle.optimizer.L2Regular
                                      ization(rate=0.0005 * 128))

trainer = paddle.trainer.SGD(cost=cost,
                             parameters=parameters,
                             update_equation=optimizer)
return trainer
```

3.4.4　开始训练

下面就可以开始训练了。从上一步得到的训练器开始训练,在训练的时候要用到以下 3 个参数。

● reader:训练数据,这个参数把训练数据读取成一个 reader 格式,就是用户的 MNIST 数据集,通过接口 paddle.dataset.mnist.train()获得数据集。

● num_passes:训练的迭代数量,表示要训练迭代多少轮。在不断迭代中,模型不断收敛。随着模型的收敛,准确率越来越高,最终会稳定在一个固定的准确率上。

● event_handler:训练过程中的一些事件处理,比如会在每个批次输出一次日志,在每一轮保存参数并测试这个测试数据集的预测准确率。例如,在训练事件中,每 100 个批次输出一次训练情况,每一轮使用测试数据集测试预测效果并保存训练的参数。

```
def start_trainer(self):
    # 获取训练器
    trainer = self.get_trainer()

    # 定义训练事件
    def event_handler(event):
        lists = []
        if isinstance(event, paddle.event.EndIteration):
            if event.batch_id % 100 == 0:
                print "\nPass %d, Batch %d, Cost %f, %s" % (
                    event.pass_id, event.batch_id, event.cost, event.metrics)
            else:
                sys.stdout.write('.')
                sys.stdout.flush()
```

```
        if isinstance(event, paddle.event.EndPass):
            # 保存训练好的参数
            model_path = '../model'
            if not os.path.exists(model_path):
                os.makedirs(model_path)
            with open(model_path + "/model.tar", 'w') as f:
                trainer.save_parameter_to_tar(f=f)

            result = trainer.test(reader=paddle.batch(paddle.dataset.mnist.test(),
            batch_size=128))
            print "\nTest with Pass %d, Cost %f, %s\n" % (event.pass_id, result
            .cost, result.metrics)
            lists.append((event.pass_id, result.cost, result.metrics['classific
            ation_error_evaluator']))

    # 获取数据
    reader = paddle.batch(paddle.reader.shuffle(paddle.dataset.mnist.
    train(), buf_size=20000), batch_size=128)

    trainer.train(reader=reader,
                  num_passes=50,
                  event_handler=event_handler)
```

然后在 main 入口中调用用户的训练函数，就可以开始训练了。

```
if __name__ == "__main__":
    testMNIST = TestMNIST()
    # 开始训练
    testMNIST.start_trainer()
```

在训练过程中会输出如下日志。

```
Pass 0, Batch 0, Cost 3.069865, {'classification_error_evaluator': 0.8828125}
..........................................................................................
....................
Pass 0, Batch 100, Cost 0.852358, {'classification_error_evaluator': 0.2421875}
..........................................................................................
....................
Pass 0, Batch 200, Cost 0.448438, {'classification_error_evaluator': 0.140625}
..........................................................................................
....................
Pass 0, Batch 300, Cost 0.497756, {'classification_error_evaluator': 0.09375}
..........................................................................................
```

```
....................
Pass 0, Batch 400, Cost 0.170336, {'classification_error_evaluator': 0.0390625}
...............................................................
Test with Pass 0, Cost 0.201477, {'classification_error_evaluator': 0.059599999338
38844}
```

日志中选项的含义如下。

1）Pass 是迭代次数，第一次迭代从零开始。

2）Batch 是批量，在训练的时候是一个一个批量训练的。

3）Cost 是损失值，反映模型收敛的情况，Cost 越小，模型的收敛性越好。其中损失分为训练和测试的损失，测试中的损失是使用测试集预测并计算的。

4）classification_error_evaluator 是分类错误率，这个同样分为训练数据的分类错误率和测试数据的分类错误率。

3.5　使用参数预测

下面创建一个名为 infer.py 的 Python 文件，用来进行模型预测。

3.5.1　初始化 PaddlePaddle

同样，在预测之前也要初始化 PaddlePaddle。

```
class TestMNIST:
    def __init__(self):
        #该模型不使用 GPU，使用两个 CPU
        paddle.init(use_gpu=False, trainer_count=2)
```

3.5.2　获取训练好的参数

在训练的时候，在每一轮训练结束后都会保存它的参数，保存这些参数是为了之后在预测图片的时候使用。

```
def get_parameters(self):
    with open("../model/model.tar", 'r') as f:
        parameters = paddle.parameters.Parameters.from_tar(f)
    return parameters
```

3.5.3　读取图片

在使用图片进行预测时，要对图片进行处理。可以把图像调整成与训练的图片一样，

比如训练的时候，如果输入图片为 28×28 像素的灰度图，那么也要把预测的图像转换成
28×28 像素的灰度图。最后图像会转换成一个浮点数组。

```python
def get_TestData(self):
    def load_images(file):
        # 对图进行灰度化处理
        im = Image.open(file).convert('L')
        # 缩小到与训练数据大小一样
        im = im.resize((28, 28), Image.ANTIALIAS)
        im = np.array(im).astype(np.float32).flatten()
        im = im / 255.0
        return im

    test_data = []
    test_data.append((load_images('../images/infer_3.png'),))
    return
```

3.5.4　开始预测

通过传入神经网络的分类器、训练好的参数和预测数据就可以进行预测了。probs
用于获得预测的结果，对应的是每一个标签的概率。

```python
def to_prediction(self, out, parameters, test_data):

    # 开始预测
    probs = paddle.infer(output_layer=out,
                         parameters=parameters,
                         input=test_data)
    # 处理预测结果并输出
    lab = np.argsort(-probs)
    print "预测结果为: %d" % lab[0][0]
```

接下来，在 main 入口中调用预测函数。

```python
if __name__ == "__main__":
    testMNIST = TestMNIST()
    out = convolutional_neural_network()
    parameters = testMNIST.get_parameters()
    test_data = testMNIST.get_TestData()
    # 开始预测
    testMNIST.to_prediction(out=out, parameters=parameters, test_data=test_data)
```

在测试中，输入一张手写"3"样式的图片，输出的预测结果如下。

预测结果为： 3

3.6 小结

本章首先介绍了本书第一个深度学习的例子——手写数字识别。通过本章的示例，读者学习了第一个卷积神经网络模型 LeNet-5，从而对神经网络有了进一步的理解。接着，又使用 PaddlePaddle 训练模型，展示了使用 PaddlePaddle 训练模型的步骤，即首先初始化 PaddlePaddle，然后获取训练器，最后使用训练器进行训练。最后，还使用了训练好的模型参数预测图像数据，从而识别图像中包含的数字信息。通过这个简单的例子，介绍了 PaddlePaddle 的使用流程，从而展示了从网络的定义到模型的训练，再到最后的预测数据的整个过程。下一章将会介绍 CIFAR 彩色图像数据集的训练和预测。注意，本章使用的是单通道的灰度图，在下一章使用的是三通道的彩色图。

第4章　CIFAR 数据集中彩色图像的识别

4.1　引言

上一章介绍了本书第一个图像识别例子，当时使用的是 28×28 像素的灰度图，图像的大小是 28×28 像素，即 784 像素。而在本章中，将会使用彩色图像，图像的大小是 32×32×3 像素，即 3072 像素。从图像的大小来看，彩色图像比灰度图要大很多，另外，特征数量也多了很多，因此，使用简单的神经网络识别效果不好，需要使用更深的网络来提取更复杂的特征。在上一章使用的 LeNet-5 神经网络是一个 5 层的网络模型，而本章将会使用 VGG 神经网络模型。VGG 神经网络模型有 4 种，分别是 VGG11、VGG13、VGG16 和 VGG19。而通常使用的是 VGG16，网络的深度与它的名字所描述的一样，总共有 16 层。接下来就开始使用 VGG16 模型来训练 CIFAR 数据集。

本章代码参见 GitHub 的 yeyupiaoling 主页里 BookSource 中的 chapter4。测试环境是 Python 2.7 和 PaddlePaddle 0.11.0。

4.2　数据集

在本章中使用的是一个包含 32×32 像素的彩色图像的数据集 CIFAR-10，该数据集包含 10 类别，总共有 60000 张 32×32 像素的彩色图像，每个类别有 6000 张图像。CIFAR-10 数据集有 50000 张训练图像和 10000 张测试图像。CIFAR-10 数据集包括 5 个训练批次和 1 个测试批次，每个批次有 10000 张图像。测试批次包含来自每个类 1000 张随机选择的图像。训练批次按照随机顺序包含剩余的图像，刚好包含每个类别中的 5000 张图片。CIFAR-10 数据集中的部分图像如图 4-1 所示。

图 4-1　CIFAR-10 数据集中的部分图片

表 4-1 展示了 CIFAR-10 数据集文件内部的结构。

表 4-1　CIFAR-10 数据集文件内部的结构

文 件 名 称	大 小	说 明
test_batch	31.0MB	10000 张测试图像
data_batch_1	31.0MB	10000 张训练图像
data_batch_2	31.0MB	10000 张训练图像
data_batch_3	31.0MB	10000 张训练图像
data_batch_4	31.0MB	10000 张训练图像
data_batch_5	31.0MB	10000 张训练图像

　　CIFAR-10 数据集整体的大小是 170.5MB，压缩包的名称是 cifar-10-python.tar.gz。

　　与第 3 章使用的 MNIST 数据集一样，若要使用 CIFAR，直接调用 PaddlePaddle 接口即可。在本章中，当训练时，同样不需要单独下载 CIFAR 数据集，PaddlePaddle 已经帮用户封装好数据集的接口，在调用 paddle.dataset.cifar 的时候，就会自动把该数据集下载到缓存目录/home/username/.cache/paddle/dataset/cifar 中，当后面需要再使用时，可以直接在缓存中获取。为什么会把 CIFAR 数据集命名为 CIFAR-10？这是因为 CIFAR 数据集有两种。其中 CIFAR-10 是指有 10 个类别的数据集；还有一种是 CIFAR-100 数据集，这个数据集有 100 个类别，虽然类别是 CIFAR-10 的 10 倍，但是图像总体数量没有改变，还是 60000 张彩色图像。

4.3 定义神经网络模型

本章使用的是 VGG 神经网络，这个模型是牛津大学 VGG（Visual Geometry Group）组于 2014 年在 ILSVRC 提出的。VGG 神经网络模型的核心是 5 组卷积运算，每两组之间进行最大池化空间降维。同一组内采用多次连续的 3×3 卷积，第 3 章提到的卷积核的大小是 5×5，卷积核的数目由较浅组的 64 增多到最深组的 512，同一组内的卷积核数目是一样的。卷积之后是两个全连接层，之后是分类层。每组内的卷积层不同，有 11、13、16、19 层这几种模型，在本章中使用的是 VGG16。VGG 神经网络也是在 ImageNet 上首次公开超过人眼识别的模型。图 4-2 就是基于 ImageNet 的 VGG16 模型。

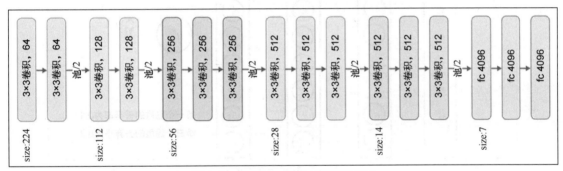

图 4-2　基于 ImageNet 的 VGG16 模型

这个 VGG 模型不是原来说的 VGG 神经模型，由于 CIFAR-10 数据集中的图片大小和数量比 ImageNet 数据小很多，因此这里的模型针对 CIFAR-10 数据做了一定的适配，卷积部分引入了 BN（Batch Normalization，批量归一化）层和 Dropout 操作。

在 PaddlePaddle 中，通过 conv_with_batchnorm 可以设置是否使用 BN 层。使用 BN 层到底有什么好处呢？在没有使用 BN 层之前，存在以下问题。

- 参数的更新使得每层的输入/输出分布发生变化，称作 ICS（Internal Covariate Shift）。
- 差异会随着网络深度增大而增大。
- 需要更小的学习率和较好的参数进行初始化。

而加入了 BN 层之后的好处如下。

- 可以使用较大的学习率。
- 可以减少对参数初始化的依赖。
- 可以拟制梯度的弥散。
- 可以起到正则化的作用。
- 可以加快模型收敛速度。

Dropout 操作用于随机丢弃一些神经元，使网络变得稀疏，从而在一定程度上可以起到正则化的效果，从而防止过拟合，如图 4-3 所示。

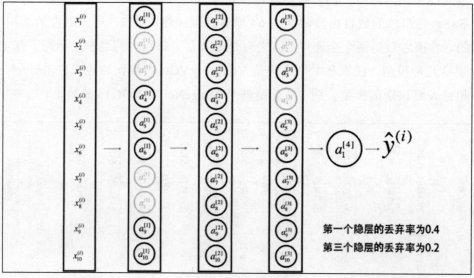

图 4-3　随机丢弃神经元

以下就是在 vgg.py 文件中定义 VGG16 神经网络模型的 Python 代码。

```python
import paddle.v2 as paddle

def vgg_bn_drop(datadim):
    # 获取输入数据的大小
    img = paddle.layer.data(name="image",
                            type=paddle.data_type.dense_vector(datadim))

    def conv_block(ipt, num_filter, groups, dropouts, num_channels=None):
        return paddle.networks.img_conv_group(
            input=ipt,
            num_channels=num_channels,
```

```
                     pool_size=2,
                     pool_stride=2,
                     conv_num_filter=[num_filter] * groups,
                     conv_filter_size=3,
                     conv_act=paddle.activation.Relu(),
                     conv_with_batchnorm=True,
                     conv_batchnorm_drop_rate=dropouts,
                     pool_type=paddle.pooling.Max())
    # 在第一个卷积块的第 5 个参数中指定图像的通道数
    conv1 = conv_block(img, 64, 2, [0.3, 0], 3)
    conv2 = conv_block(conv1, 128, 2, [0.4, 0])
    conv3 = conv_block(conv2, 256, 3, [0.4, 0.4, 0])
    conv4 = conv_block(conv3, 512, 3, [0.4, 0.4, 0])
    conv5 = conv_block(conv4, 512, 3, [0.4, 0.4, 0])

    # 加入 Dropout 层
    drop = paddle.layer.dropout(input=conv5, dropout_rate=0.5)
    fc1 = paddle.layer.fc(input=drop, size=512, act=paddle.activation.Linear())
    bn = paddle.layer.batch_norm(input=fc1,
                                 act=paddle.activation.Relu(),
                                 layer_attr=paddle.attr.Extra(drop_rate=0.5))
    fc2 = paddle.layer.fc(input=bn, size=512, act=paddle.activation.Linear())

    # 通过神经网络模型，使用 Softmax 获得分类器 (全连接)
    out = paddle.layer.fc(input=fc2,
                          size=10,
                          act=paddle.activation.Softmax())
    return out
```

　　认真阅读上面 VGG16 网络模型的定义，然后对比第 3 章中的 LeNet-5 模型的定义，就会找到定义网络模型的规律。例如，在定义卷积层和池化层时，都使用一个块来定义，只是本章中的参数多了一些，如 conv_with_batchnorm 用来指定是否使用 BN 层，conv_batchnorm_drop_rate 用来指定丢弃神经元的比率，pool_type 用来指定最大池化或者平均池化。5 组卷积之后，就是全连接层了，在这里也可以加上 Dropout 层和 BN 层等，最后一个全连接层使用的激活函数是 Softmax 激活函数，输出大小为 10，对应的是类别数量。

4.4　开始训练模型

　　同样，在定义神经网络之后，创建一个名为 train.py 的 Python 文件来编写训练代码。

4.4.1　导入依赖包

下面导入依赖包，其中就包含了 PaddlePaddle 中重要的 V2 包，还包含了 vgg，这个是在前面定义的网络模型。另外，这里还需要提供 resnet 网络模型，该模型在本章最后会进行介绍。

```
import os
import sys
import paddle.v2 as paddle
from vgg import vgg_bn_drop
from resnet import resnet_cifar10
```

4.4.2　初始化 Paddle

下面创建一个 TestCIFAR 类，在类中创建一个初始化函数，在该初始化函数中初始化 PaddlePaddle。注意，在使用 PaddlePaddle 时都要初始化它，否则会出现各种错误。

```
class TestCIFAR:
    def __init__(self):
        # 初始化 PaddlePaddle,只使用 CPU,关闭 GPU
        paddle.init(use_gpu=False, trainer_count=2)
```

4.4.3　获取参数

在第 3 章中，训练参数是通过使用损失函数创建的，同时也提到可以通过使用之前训练好的参数初始化训练参数，只不过当时只是简单提及，并没有详细介绍。使用训练好的参数来初始化训练参数，不仅可以在它的基础上继续训练，在某种情况下还可以防止出现浮点异常。如 SSD 神经网络很容易出现浮点异常，因此就可以使用预训练的参数作为初始化训练参数，来解决出现浮点异常的问题。

本书编写了 get_parameters()函数，该函数的第 2 个参数表示是否输入参数文件路径，第 3 个参数表示是否输入损失函数。如果输入参数文件路径，就使用之前训练时保存的参数。如果不输入参数文件路径，那么使用传入的损失函数生成参数。

```
def get_parameters(self, parameters_path=None, cost=None):
    if not parameters_path:
        # 使用 cost 创建参数
        if not cost:
            print "请输入 cost 参数"
```

```
        else:
            # 根据损失函数创建参数
            parameters = paddle.parameters.create(cost)
            return parameters
    else:
        # 使用之前训练好的参数
        try:
            # 使用训练好的参数
            with open(parameters_path, 'r') as f:
                parameters = paddle.parameters.Parameters.from_tar(f)
            return parameters
        except Exception as e:
            raise NameError("你的参数文件错误,具体问题是:%s" % e)
```

4.4.4 创建训练器

与第 3 章类似，创建训练器同样需要损失函数、参数和优化方法。这里的模型参数与上一章又有点不同，这个模型参数可以选择使用之前训练好的参数，然后在此基础上再进行训练，或者使用损失函数生成初始化参数。需要提醒的是，这里的数据大小 datadim 还要乘以 3，这是因为这次的数据是彩色图，是三通道的，不是单通道的灰度图。

```
def get_trainer(self):
    # 数据大小
    datadim = 3 * 32 * 32

    # 获得图片对应的信息标签
    lbl = paddle.layer.data(name="label",
                            type=paddle.data_type.integer_value(10))

    # 获取全连接层,也就是分类器
    out = vgg_bn_drop(datadim=datadim)

    # 获得损失函数
    cost = paddle.layer.classification_cost(input=out, label=lbl)

    # 使用之前保存的参数文件获得参数
    # parameters = self.get_parameters(parameters_path="../model/model.tar")
    # 使用损失函数生成参数
    parameters = self.get_parameters(cost=cost)
```

```
momentum_optimizer = paddle.optimizer.Momentum(
    momentum=0.9,
    regularization=paddle.optimizer.L2Regularization(rate=0.0002 * 128),
    learning_rate=0.1 / 128.0,
    learning_rate_decay_a=0.1,
    learning_rate_decay_b=50000 * 100,
    learning_rate_schedule="discexp")

trainer = paddle.trainer.SGD(cost=cost,
                             parameters=parameters,
                             update_equation=momentum_optimizer)
return trainer
```

4.4.5　开始训练

在第 3 章中，若要启动训练，需要 3 个参数，分别是训练数据、训练的轮数和训练过程中的事件处理程序。但是在本章中，若要启动训练，还要指定数据的结构 feeding，输入数据和标签的对应关系，说明输入数据是第 0 维，标签是第 1 维。

本例中的训练数据同样直接使用 PaddlePaddle，因为已经通过封装好的 API 直接获取了 CIFAR 数据集中的数据。注意，使用 CIFAR 数据集会比使用 MNIST 数据集的训练速度慢很多，如果读者的计算机配置比较低，可以适当减小参数 buf_size 和 batch_size 的数值，以防止内存不足导致报错。其中参数 buf_size 的大小应为 2^n，比如，如果设置为 128 会出现内存不足，就可以设置为 64。

```
def start_trainer(self):
    # 获得数据
    reader=paddle.batch(reader=paddle.reader.shuffle(reader=paddle.dataset.cifar.train10(),
        buf_size=50000),batch_size=128)

    # 指定每条数据和 padd.layer.data 的对应关系
    feeding = {"image": 0, "label": 1}

    # 定义训练事件处理程序
    def event_handler(event):
        if isinstance(event, paddle.event.EndIteration):
            if event.batch_id % 100 == 0:
                print "\nPass %d, Batch %d, Cost %f, %s" % (
                    event.pass_id, event.batch_id, event.cost, event.metrics)
            else:
```

```
                    sys.stdout.write('.')
                    sys.stdout.flush()

        # 每一轮训练完成之后
        if isinstance(event, paddle.event.EndPass):
            # 保存训练好的参数
            model_path = '../model'
            if not os.path.exists(model_path):
                os.makedirs(model_path)
            with open(model_path + '/model.tar', 'w') as f:
                trainer.save_parameter_to_tar(f)

            # 测试准确率
            result=trainer.test(reader=paddle.batch(reader=paddle.dataset.cifar.test10(),
                batch_size=128), feeding=feeding)
            print "\nTest with Pass %d, %s" % (event.pass_id, result.metrics)

    # 获取训练器
    trainer = self.get_trainer()

    trainer.train(reader=reader,
                  num_passes=50,
                  event_handler=event_handler,
                  feeding=feeding)
```

然后，在 main 入口中调用 start_trainer()函数就可以开始训练了。如果读者使用 CPU 进行训练，那么在单个 CPU 训练数据的时候是非常慢的。如果有条件，最好使用多个 CPU 或者使用 GPU 进行训练。

```
if __name__ == '__main__':
    testCIFAR = TestCIFAR()
    # 开始训练
    testCIFAR.start_trainer()
```

在训练过程中会输出这样的日志。

```
Pass 0, Batch 0, Cost 2.427227, {'classification_error_evaluator': 0.8984375}
...................................................................................
.......................
Pass 0, Batch 100, Cost 2.115308, {'classification_error_evaluator': 0.78125}
...................................................................................
```

```
........................
Pass 0, Batch 200, Cost 2.081666, {'classification_error_evaluator': 0.8359375}
........................................................
........................
Pass 0, Batch 300, Cost 1.866330, {'classification_error_evaluator': 0.734375}
........................................................
..............
Test with Pass 0, {'classification_error_evaluator': 0.8687999844551086}
```

除了以日志的输出方式显示训练情况之外，还可以使用 PaddlePaddle 提供的可视化日志输出接口 paddle.v2.plot，以折线图的方式显示 Train cost 和 Test cost。然而，这个程序要在 Jupyter Notebook 上运行，代码已在 train.ipynb 中提供。其中只更换了训练事件的函数，把原来的 event_handler 换成 event_handler_plot，代码如下。

```python
from paddle.v2.plot import Ploter

def event_handler_plot(event):
    global step
    if isinstance(event, paddle.event.EndIteration):
        if step % 1 == 0:
            cost_ploter.append(train_title, step, event.cost)
            cost_ploter.plot()
        step += 1
    if isinstance(event, paddle.event.EndPass):
        # 保存训练好的参数
        model_path = '../model'
        if not os.path.exists(model_path):
            os.makedirs(model_path)
        with open(model_path + '/model_%d.tar' % event.pass_id, 'w') as f:
            trainer.save_parameter_to_tar(f)

        result = trainer.test(
            reader=paddle.batch(
                paddle.dataset.cifar.test10(), batch_size=128),
            feeding=feeding)
        cost_ploter.append(test_title, step, result.cost)
```

图 4-4 是训练 56 轮之后的收敛情况。观察图 4-4，就会发现这时模型几乎已经完全收敛了。

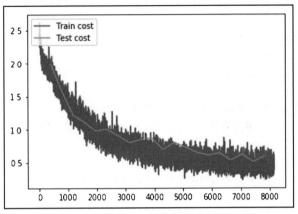

图 4-4　收敛情况

4.5　使用参数预测

首先，创建一个名为 infer.py 的 Python 程序文件，用于测试数据。在使用 PaddlePaddle 之前，要初始化它。

```
def __init__(self):
    # 初始化 PaddlePaddle,只使用 CPU,关闭 GPU
    paddle.init(use_gpu=False, trainer_count=2)
```

然后，加载在训练时保存的模型，从保存的模型文件中读取模型参数。调用的接口是 paddle.parameters.Parameters.from_tar()，这个接口用于从文件中加载模型参数。

```
def get_parameters(self, parameters_path):
    with open(parameters_path, 'r') as f:
        parameters = paddle.parameters.Parameters.from_tar(f)
    return parameters
```

编写一个预测数据的函数 to_prediction，该函数需要输入以下 3 个参数。第一个是需要预测的图像，图像传入之后，会经过 load_image 函数处理，大小会变成 32 × 32 像素，这个大小是训练时输入数据的大小。第二个就是训练好的参数。第三个是通过神经模型生成的分类器。

在图像处理部分，本例并没有对图像进行灰度化，因为是 3 通道的彩色图，所以还要考虑通道顺序的问题。PaddlePaddle 要求数据的顺序为 C、H、W（即通道数、高度、宽度），而 CIFAR 训练图片通道的顺序为 B、G、R，因此还要交换一下通道顺序。

```python
def to_prediction(self, image_path, parameters, out):
    # 获取图片
    def load_image(file):
        im = Image.open(file)
        im = im.resize((32, 32), Image.ANTIALIAS)
        im = np.array(im).astype(np.float32)
        # PIL 打开图片的顺序为 H(高度)、W(宽度)、C(通道),
        # PaddlePaddle 要求数据的顺序为 C、H、W,因此需要交换顺序
        im = im.transpose((2, 0, 1))
        # CIFAR 训练图片通道的顺序为 B(蓝)、G(绿)、R(红),
        # 而 PIL 打开图片默认通道的顺序为 R、G、B,因此需要交换通道
        im = im[(2, 1, 0), :, :]   # BGR
        im = im.flatten()
        im = im / 255.0
        return im

    # 获得要预测的图片
    test_data = []
    test_data.append((load_image(image_path),))

    # 获得预测结果
    probs = paddle.infer(output_layer=out,
                         parameters=parameters,
                         input=test_data)
    # 处理预测结果
    lab = np.argsort(-probs)
    # 返回概率最大的值及其对应的概率值
    return lab[0][0], probs[0][(lab[0][0])]
```

在 main 入口中调用预测函数,这里除了输出识别的类别的标签,同时还输出了它对应的概率。

```python
if __name__ == '__main__':
    testCIFAR = TestCIFAR()
    # 开始预测
    out = testCIFAR.get_out(3 * 32 * 32)
    parameters = testCIFAR.get_parameters("../model/model.tar")
    image_path = "../images/airplane1.png"
    result,probability = testCIFAR.to_prediction(image_path=image_path, out=out,
parameters=parameters)
    print '预测结果为:%d,可信度为:%f' % (result,probability)
```

例如，这里输入一张飞机图片，输出的预测结果是：

预测结果为:0,可信度为:0.965155

输出的结果是对应的标签序号，不是类别的名称，这个标签序号与我们一开始介绍的数据排列顺序是一致的，读者可以根据这个序号来找到识别结果的标签对应的类别名称。例如，在图 4-1 中，"0"对应飞机，"1"对应汽车。

4.6　使用其他神经模型

在上面的训练中，只是使用了 VGG 神经模型，而目前的 ResNet 是非常热门的，因为该神经模型可以通过增加网络的深度提高识别率,而不会像其他过去的神经模型那样，当网络继续加深时，反而会损失精度。ResNet 神经网络的（resnet.py）定义如下。

```python
import paddle.v2 as paddle

def resnet_cifar10(datadim,depth=32):
    # 获取输入数据大小
    ipt = paddle.layer.data(name="image",
                            type=paddle.data_type.dense_vector(datadim))



    def conv_bn_layer(input, ch_out, filter_size, stride, padding, active_type=
    paddle.activation.Relu(),ch_in=None):
        tmp = paddle.layer.img_conv(input=input,
                                    filter_size=filter_size,
                                    num_channels=ch_in,
                                    num_filters=ch_out,
                                    stride=stride,
                                    padding=padding,
                                    act=paddle.activation.Linear(),
                                    bias_attr=False)
        return paddle.layer.batch_norm(input=tmp, act=active_type)

    def shortcut(ipt, n_in, n_out, stride):
        if n_in != n_out:
            return conv_bn_layer(ipt, n_out, 1, stride, 0, paddle.activation.Linear())
        else:
            return ipt
```

```
def basicblock(ipt, ch_out, stride):
    ch_in = ch_out * 2
    tmp = conv_bn_layer(ipt, ch_out, 3, stride, 1)
    tmp = conv_bn_layer(tmp, ch_out, 3, 1, 1, paddle.activation.Linear())
    short = shortcut(ipt, ch_in, ch_out, stride)
    return paddle.layer.addto(input=[tmp, short],
                              act=paddle.activation.Relu())


def layer_warp(block_func, ipt, features, count, stride):
    tmp = block_func(ipt, features, stride)
    for i in range(1, count):
        tmp = block_func(tmp, features, 1)
    return tmp


assert (depth - 2) % 6 == 0
n = (depth - 2) / 6
nStages = {16, 64, 128}
conv1=conv_bn_layer(ipt,ch_in=3,ch_out=16,filter_size=3,stride=1,padding=1)
res1 = layer_warp(basicblock, conv1, 16, n, 1)
res2 = layer_warp(basicblock, res1, 32, n, 2)
res3 = layer_warp(basicblock, res2, 64, n, 2)
pool = paddle.layer.img_pool(
    input=res3, pool_size=8, stride=1, pool_type=paddle.pooling.Avg())


# 通过神经网络模型，使用 Softmax 获得分类器 (全连接)
out = paddle.layer.fc(input=pool,
                      size=10,
                      act=paddle.activation.Softmax())
return out
```

如果要使用上面的残差神经网络，只要把代码 `out = vgg_bn_drop(datadim=datadim)` 换成在残差神经网络中获取分类器的以下代码就可以了。

```
out = resnet_cifar10(datadim=datadim)
```

4.7　小结

本章介绍了 3 通道彩色图像的数据集——CIFAR 数据集，这个数据集是一个常用的一个数据集，在深度学习中，基本上会使用到它。同时，本章还介绍了 VGG16 神经网络模型，它是一个比较深的神经网络，也是比较常用的神经网络，在它的基础上衍生了不少优秀的神经网络模型。另外，本章还介绍了 ResNet 神经网络模型（它是最近非常流行的神经网络模型），还介绍了如何使用之前训练好的模型参数文件初始化模型参数。到本章为止，我们使用到的数据集都是使用 PaddlePaddle 提供的接口来获得的。在下一章中，我们使用的是自己的数据集，也可以定制自己的数据集，然后训练模型，最后使用模型来预测蔬菜的类别。

第 5 章　自定义图像数据集的识别

5.1　引言

第 4 章介绍了如何使用 VGG16 神经网络模型训练 CIFAR-10 数据集中的彩色图像，还讨论了 ResNet 神经网络，并使用它训练 CIFAR-10 数据集中的彩色图像。到目前为止，本书使用的 MNIST 数据集和 CIFAR 数据集都是开源数据集，但通常在某些应用场景下用户需要使用自己收集的数据集。本章就介绍如何通过自己收集的图像数据集来训练图像分类模型。本章将从"网络爬虫"开始，介绍如何从网络中爬取图像数据，然后创建自己的数据集，用于训练模型。

本章代码参见 GitHub 的 yeyupiaoling 主页里 BookSource 中的 chapter5。测试环境是 Python 2.7 和 PaddlePaddle 0.11.0。

5.2　网络爬虫技术

为什么要使用网络爬虫技术？因为在进行数据分析或者机器学习训练时可能需要大量的网络数据。例如，在完成一个分类任务时，需要大量的图像数据，如果利用人工方式一个个下载，很明显，效率是非常低下的。作为软件开发人员，肯定不会使用这种低效率的方法，这时就需要使用网络爬虫技术，也就是使用爬虫程序帮助用户下载所需的图像资源。下面先通过一个简单的网络爬虫实例来介绍网络爬虫的基本工作流程。

5.2.1　网络爬虫的整体框架

图 5-1 是网络爬虫的整体框架，包括 5 个部分——调度器、URL 管理器、网页下载器、网页解析器和数据收集器。它们的作用如下。

- 调度器：主要作用是调用 URL 管理器、网页下载器、网页解析器，并设置爬虫的入口。
- URL 管理器：管理要爬取网页的 URL，添加新的 URL，标记已爬取过的 URL，获取要爬取的 URL。
- 网页下载器：通过 URL 下载网页数据，并以字符串形式保存。
- 网页解析器：解析网页下载器获取的字符串数据，通过解析字符串数据提取用户需要的数据。
- 数据收集器：所有有用的数据都存储在这里，通过其他方法共享这些数据。

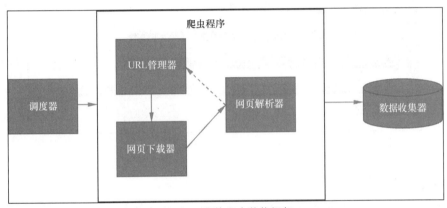

图 5-1 网络爬虫整体框架

图 5-1 展示的是网络爬虫的一个整体结构。通过图 5-1 可以知道每个模块的作用，但是还不知道它的具体操作流程细节。通过顺序图，可以很直观地看到每一步的操作方式。图 5-2 是网络爬虫的顺序，从该顺序中可以看出网络爬虫的操作顺序。

调度器是一个循环。首先，它通过调用 URL 管理器获取新的 URL，也就是调度器循环的判断条件，如果还有没爬取的 URL，就进入循环，并获取一个待爬取的 URL。然后，把这个 URL 传给网页下载器，网页下载器会把这个 URL 对应的网页下载下来并转换成字符串，最终返回给调度器。接下来，调度器把这些网页数据传递给网页解析器，网页解析器解析这些网页数据，获取网页中用户所需的数据，提取网页中包含的新的需要爬取的 URL，并传回给调度器。调度器把新的 URL 添加到 URL 管理器中，同时把收集到的数据添加到数据收集器中。这样就形成一个循环，通过不断执行这个循环可以一直获取用户所需的有价值的数据。最后，把数据收集器中的数据全部输出。以上就是网络爬虫具体的流程。下面就介绍每一个模块的具体操作流程。

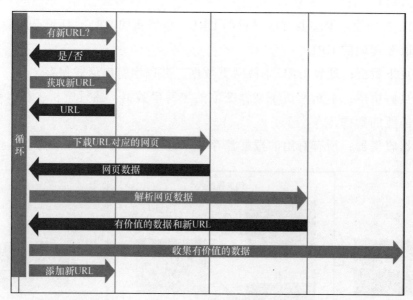

图 5-2　网络爬虫顺序

5.2.2　URL 管理器

图 5-3 所示是 URL 管理器的结构，URL 管理器是负责管理要爬取网页的 URL 的。它一共有 5 项功能，分别是获取新的 URL，添加新的 URL 到待爬取的集合中，判断 URL 是否已存在于 URL 管理器中，将已爬取的 URL 移动到已爬取的集合中，判断是否有新的 URL。

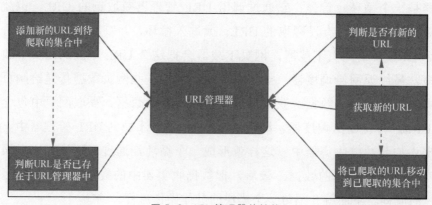

图 5-3　URL 管理器的结构

其中，判断是否还有待爬取的 URL 就是判断待爬取列表中是否还有数据。添加新的 URL 就是当有新的 URL 时，在添加之前还要判断 URL 是否已经存在，其中包括已爬取的和待爬取的，如果没有，就把新的 URL 添加到管理器中。当提取待爬取的 URL 时，先判断待爬取 URL 的列表中是否还有 URL，如果有，就返回第一个 URL 并将它移动到已爬取的列表中，这样可以保证不添加新的重复的 URL。

5.2.3 网页下载器

网页下载器的主要作用是下载网页中的数据，其结构如图 5-4 所示。在上一步中，从 URL 管理器中获取 URL，然后需要把这些 URL 的网页数据下载下来，这时就需要使用网页下载器。当把 URL 传递给网页下载器时，网页下载器会根据 URL 访问该网页，并把这个网页的 HTML 页面下载下来。有时，下载的是本地文件或字符串。当爬取的是文件（如图片）时，下载的就是文件；当爬取的是网页中的内容数据时，下载的就是字符串。

图 5-4　网页下载器的结构

以下载百度首页为例说明网页下载器的作用，相应的代码如下。

```python
import urllib2

url = "百度官网域名"
response = urllib2.urlopen(url)
code = response.getcode()
content = response.read()


print "状态码: ", code
print "网页内容", content
```

上面的示例是较为简单的下载方法，用户还可以添加一些访问参数，如可以添加请求头。下面的代码在请求头上添加一些关于浏览器的信息，模仿其他浏览器访问。除了这些信息之外，还可以添加 Cookie 信息，比如有些情况下为了登录，就要在网络爬虫中添加已经登录的 Cookie，来模仿登录后的结果。

```
import urllib2

url = "百度官网域名"
request = urllib2.Request(url)
# 模仿火狐浏览器
request.add_header("user-agent", "Mozilla/5.0")
response = urllib2.urlopen(request)
code = response.getcode()
content = response.read()

print "状态码: ", code
print "网页内容", content
```

最后，通过网页下载器获取这个网页的数据，输出如下。

```
状态码: 200
网页内容 <html>
<head>
    <script>
        location.replace(location.href.replace("https://","http://"));
    </script>
</head>
<body>
    <noscript><meta http-equiv="refresh" content="0;url=http://百度官网域名/">
</noscript>
</body>
</html>
```

5.2.4　网页解析器

在网页下载器中下载的是整个网页的 HTML 代码，用户要在众多字符串中提取需要的数据，如新的要爬取的 URL、需要的网页数据。图 5-5 展示的就是一个网页解析器的结构。通过这个网页解析器就可以解析这些数据了。如果获取到新的 URL，就可以把它添加到 URL 管理器中；如果获取到有用的数据，就将它保存。而这个网页解析器的工作原理是首先查找所需要的 HTML 标签，比如，如果用户需要的数据是使用 p 标签包裹的，那么首先要查找这个标签。因为一个网页中有很多个 p 标签，所以要进一步定位信息。比如，这个 p 标签的样式是 class="title"，通过查找 class 属性是 title 的标签基本上就可以定位到想要的信息了。如果还不能定位到，那么可以继续添加定位条件，直到条件唯一。

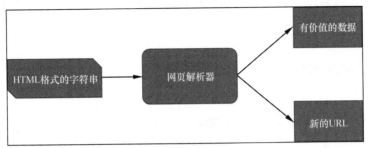

图 5-5 网页解析器的结构

下面编写一个字符串，模仿获得的网页数据。如果要获取 p 标签包含的内容"The Dormouse's story"，那么这个网页解析器的代码如下。

```
from bs4 import BeautifulSoup

html_doc = """
<html><head><title>The Dormouse's story</title></head>
<body>
<p class="title"><b>The Dormouse's story</b></p>
"""

soup = BeautifulSoup(html_doc, 'html.parser', from_encoding='utf-8')
# 寻找 class 属性为 title 的 p 标签
title_all = soup.find('p', class_="title")
print title_all
# 获取该标签对应的内容
title = title_all.get_text()
print title
```

输出信息如下，其中包括带标签的数据和从标签中提取的数据。

```
<p class="title"><b>The Dormouse's story</b></p>
The Dormouse's story
```

5.3 网络爬虫实例

通过前面的介绍，相信读者已经对网络爬虫有了进一步的了解。接下来，我们编写一个网络爬虫程序来归纳和总结一下。这个例子用于爬取 CSDN 博客的某篇文章，并爬取相关的文章，比如本例的网络爬虫入口是一篇名为"把项目上传到码云"的文章。在阅读 CSDN 博客中的文章时，读者可能会注意到在每章文章的下面都有相关的文章推荐，如图 5-6 所示，这就满足了我们的需求，既包含所需数据，也包含待爬取的 URL。因此，这些推荐的文章的 URL 就是我们补充的 URL 来源。

图 5-6　推荐文章

其实很多网站都会有这样的结构，这是为了吸引读者阅读更多的内容，其实在吸引用户流量的同时，也方便了用户爬取数据，用户可以根据这一点来获取想要的数据。

要爬取自己想要的数据，就要先了解这个网页的结构。通过观察整个文章的网页源码，可以发现显示文章的标题的 HTML 代码如下。关键定位信息是 h1 标签，同时样式 class="csdn_top"，通过这个定位可以获取这篇文章的标题。

```
<article>
    <h1 class="csdn_top">把项目上传到码云</h1>
    <div class="article_bar clearfix">
        <div class="artical_tag">
            <span class="original">
            原创                  </span>
            <span class="time">2017 年 04 月 15 日 20:39:02</span>
        </div>
```

获取文章的标签之后，接下来就要获取文章的内容了。在观察网页的代码后，发现显示文章内容的 HTML 代码如下。其中关键定位信息是 div 标签，样式为 class="article_content csdn-tracking-statistics tracking-click"，通过这个定位信息可以获取文章的内容信息了。

```
<div id="article_content"
class="article_content csdn-tracking-statistics tracking-click"
data-mod="popu_519" data-dsm="post">
    <div class="markdown_views">
        <p>一、为什么要使用码云而不使用 GitHub? 会有很多朋友这样问，原因有以下几条：  <br>
```

上面获取了这篇文章的信息。用户还要获取这个网页包含的新的 URL，这些 URL 就是推荐文章的 URL，因此要获取推荐文章的 URL。获取推荐文章的代码段如下，通过观察发现关键定位信息是 a 标签，样式为 strategy="BlogCommendFromBaidu_0"。推荐文章一般有几篇，而这个定位的样式也是按照顺序的，从 0 开始，然后一直增加下去。

```
<div class="recommend_list clearfix" id="rasss">
    <dl class="clearfix csdn-tracking-statistics recommend_article"
    data-mod="popu_387" data-poputype="feed"  data-feed-show="false"
    data-dsm="post">
        <a href="https://CSDN 博客域名/Mastery_Nihility/article/details/53020481"
        target="_blank" strategy="BlogCommendFromBaidu_0">
            <dd>
                <h2>上传项目到开源中国码云</h2>
                <div class="summary">
                    上传项目到开源中国码云
                </div>
```

有了这些定位信息，就可以很好地解析网页数据了。那么，下面开始编写网络爬虫程序来爬取数据。

5.3.1　调度器的使用

创建一个名为 spider_main.py 的 Python 文件来实现调度器。这个调度器就是调度中心——在这里控制整个爬虫程序，也是爬虫的入口——从这里添加爬虫入口的 URL，这个 URL 就是第一篇文章的 URL。代码如下。

```python
import html_downloader
import html_outputer
import html_parser
import url_manager


class SpiderMain(object):
    # 调度程序
    def __init__(self):
        # 获取 URL 管理器
        self.urls = url_manager.UrlManager()
        # 获取网页下载器
        self.downloader = html_downloader.HtmlDownloader()
        # 获取网页解析器
```

```
        self.parser = html_parser.HtmlParser()
        # 获取数据输出器
        self.output = html_outputer.HtmlOutput()

    def craw(self, root_url, max_count):
        count = 1
        # 添加爬虫入口的根路径
        self.urls.add_new_url(root_url)
        # 创建一个循环，如果 URL 管理器中还有新的 URL，就一直循环
        while self.urls.has_new_url():
            try:
                # 从 URL 管理器中获取新的 URL
                new_url = self.urls.get_new_url()
                print 'craw %d : %s ' % (count, new_url)
                # 下载网页
                html_cont = self.downloader.downloader(new_url)
                # 解析网页数据
                new_urls, new_data = self.parser.parser(new_url, html_cont)
                # 添加新的 URL
                self.urls.add_new_urls(new_urls)
                # 添加新的数据
                self.output.collect_data(new_data)
                # 满足爬取数量及中断条件
                if count == max_count:
                    break
                count = count + 1
            except Exception, e:
                print '爬取失败：', e
        # 输出数据
        self.output.output_html()
```

5.3.2　URL 管理器的使用

创建一个名为 url_manager.py 的 Python 文件实现 URL 管理器。这段代码主要有 3 个函数——判断是否有新 URL 的函数、添加新 URL 的函数和提取新 URL 的函数。该程序主要是负责添加新的 URL 和给网页下载器提供 URL，代码如下。

```
class UrlManager(object):
    # URL 管理器
    def __init__(self):
        self.new_urls = set()
        self.old_urls = set()
```

```python
# 向 URL 管理器中添加一个新的 URL
def add_new_url(self, url):
    if url is None:
        return
    # 判断要添加的 URL 是否已存在于新列表或者旧列表中
    if url not in self.new_urls and url not in self.old_urls:
        self.new_urls.add(url)

# 向 URL 管理器中添加一批 URL
def add_new_urls(self, urls):
    if urls is None or len(urls) == 0:
        return
    for url in urls:
        # 添加新的 URL
        self.add_new_url(url)

# 判断 URL 管理器中是否有新的待爬取的 URL
def has_new_url(self):
    return len(self.new_urls) != 0

# 从 URL 中获取一个新的待爬取的 URL
def get_new_url(self):
    # 获取并移除最先添加的 URL
    new_url = self.new_urls.pop()
    # 把这个路径添加到已爬取的列表中
    self.old_urls.add(new_url)
    return new_url
```

5.3.3　网页下载器的使用

　　创建一个名为 html_downloader.py 的 Python 文件来实现网页下载器。其中的代码比较简单，通过传过来的 URL 来下载网页的字符串数据，这些字符串都是 HTML 代码。这里还添加了一个判断条件，因为访问网页失败这也是常有的事，所以要跳过这些访问失败的网页。不要把这些访问失败的网页添加到网页解析器中，这既浪费资源，又可能会导致获取错误的信息。这个网页下载器的代码如下。

```python
import urllib2

class HtmlDownloader(object):
    # HTML 网页下载器
    def downloader(self, url):
        # 如果路径为空，就返回 None
```

```
    if url is None:
        return None
    # 打开网页数据
    response = urllib2.urlopen(url)
    # 判断是否访问成功，如果不成功，就返回 None
    if response.getcode() != 200:
        return None
    # 返回网页数据
    return response.read()
```

5.3.4　网页解析器的使用

创建一个名为 html_parser.py 的 Python 文件来实现网页解析器。从网页下载器获取的 HTML 格式的字符串中提取有用的数据和 URL。这就是前面解析这个爬虫程序和分析网页结构所需要应用的场景。在这个程序中，通过网页的定位信息解析所需要的数据和新的 URL。下面是实现这个功能的代码。

```
import re
from bs4 import BeautifulSoup


class HtmlParser(object):
    def parser(self, page_url, html_cont):
        """
        # HTML 解析器
        :param page_url: 网页的 URL
        :param html_cont: 网页的字符串数据
        :return: 网页包含相关的 URL 和文章的内容
        """
        # 判断网页 URL 和网页内容是否为空
        if page_url is None or html_cont is None:
            return
        # 获取解析器
        soup = BeautifulSoup(html_cont, 'html.parser', from_encoding='utf-8')
        # 获取解析到的 URL
        new_urls = self._get_new_urls(soup)
        # 获取解析到的文章数据
        new_data = self._get_new_data(page_url, soup)
        return new_urls, new_data

    # 解析相关文章的 URL
```

```python
    def _get_new_urls(self, soup):
        new_urls = set()
        # 获取相关文章的 URL
        # <a href="相关文章的 URL"
        # target="_blank" strategy="BlogCommendFromBaidu_7">
        links = soup.find_all('a', strategy=re.compile(r"BlogCommendFromBaidu_\d+"))
        # 提取所有相关的 URL
        for link in links:
            new_url = link['href']
            new_urls.add(new_url)
        return new_urls


    # 解析数据
    def _get_new_data(self, page_url, soup):
        res_data = {}
        # 获取 URL
        res_data['url'] = page_url

        # 获取标题<h1 class="csdn_top">把项目上传到码云</h1>
        essay_title = soup.find('h1', class_="csdn_top")
        res_data['title'] = essay_title.get_text()

        # 内容标签的格式
        # <div id="article_content" class="article_content csdn-tracking-statistics
        tracking-click"
        # data-mod="popu_519" data-dsm="post">
        essay_content = soup.find('div', class_="article_content
        csdn-tracking-statistics tracking-click")
        res_data['content'] = essay_content.get_text()
        return res_data
```

5.3.5 数据收集器的使用

创建一个名为 html_outputer.py 的 Python 文件来实现数据存储功能。每当解析完网页时，都会获得一条数据和多个新的 URL，其中新的 URL 会添加到 URL 管理器中，而获得的数据就要存储在这个数据存储器上。当整个爬取过程结束之后，通过这个程序把数据输出到本地，这样可以永久保存爬取的数据。爬取的数据通常保存在数据库中，这里为了方便，把爬取的数据直接输出到一个 HTML 页面中。

```
# coding=utf-8

class HtmlOutput(object):
    #HTML 输出器
    def __init__(self):
        self.datas = []

    #收集数据
    def collect_data(self, data):
        if data is None:
            return
        self.datas.append(data)

    #将收集好的数据写入 HTML 文件中
    def output_html(self):
        fout = open('output.html','w')

        fout.write("<html>")
        fout.write("<body>")
        fout.write("<table>")
        if len(self.datas) == 0:
            print "数据为空!"
        #ASCII
        for data in self.datas:
            fout.write("<tr>")
            fout.write("<td>%s</td>" % data['url'])
            fout.write("<td>%s</td>" % data['title'].encode('utf-8'))
            fout.write("<td>%s</td>" % data['content'].encode('utf-8'))
            fout.write("</tr>")

        fout.write("</table>")
        fout.write("</body>")
        fout.write("</html>")

        fout.close()
```

5.3.6　运行代码

运行调度器 spider_main.py 程序，通过这个入口就可以启动整个爬虫程序了。这个调度器也指定了要爬取的文章类型，也就是网络爬虫的入口 URL。另外，可以指定一共爬取多少篇相关的文章。

```
if __name__ == '__main__':
    # 爬虫的根 URL
    root_url = " https://CSDN博客域名/qq_33200***/article/details/70186***"
    # 爬取的数量
    max_count = 100
    obj_spider = SpiderMain()
    # 启动调度器
    obj_spider.craw(root_url, max_count)
```

当启动爬虫程序之后，可以看到爬取过程输出的日志信息，有时出现失败也是正常的，因为不是每一个网页都可以成功访问。

```
craw 1 : https:// CSDN博客域名/qq_33200***/article/details/70186***
craw 2 : https:// CSDN博客域名/qq_18601***/article/details/78395***
craw 3 : https:// CSDN博客域名/wust_lh/article/details/68068***
```

爬取完成之后，通过 html_outputer.py 程序把所有的数据以 HTML 格式存储在 output.html 中。然后，可以在浏览器中直接打开这个文件来查看爬取的数据，数据以表格的形式展示，如图 5-7 所示。

图 5-7　爬取的数据

前面所述的爬虫结构也不是万能的，因为上面的爬虫程序只能爬取网页中包含一个或者多个 URL 类型的网页，因为需要以这些新的 URL 作为新爬取页面的链接，以上程序才可以正常运行，所以我们编写了上面的爬虫结构。但是我们将要下载图像的网页结构不再是这样子，我们使用百度图片这个网站来爬取图片。通过一个关键字获取一个网页，这个网页中包含了多张图像，这些图像就是将要下载的图片。以这些图片作为训练的图片数据集。每一个新的 URL 对应的是一个新的分页页面。

总的来说，由于使用上面介绍那个程序可能会有点复杂，因此可以将这个爬虫程序设计得简单一些。下面编写一个名为 DownloadImages.py 的 Python 文件专门用于下载我们需要的图像数据集。

首先,导入对应的依赖包,其中有在前面介绍解析时用到的 re 库。另外,还使用了 requests 库,这个库在前面没有使用,而是使用了 urllib2。二者其实也没有什么区别,只是调用的函数不一样而已,下面会详细介绍。

```python
import re
import uuid
import requests
import os
```

然后,编写一个 DownloadImages 类,所有的爬虫图片代码都存放在这个类中。在该类中定义一个初始化函数,给全局变量赋值,设置每一个类别的图像下载多少个、下载当前图像的关键字是什么以及下载的图像保存在哪里等。

```python
class DownloadImages:
    def __init__(self, download_max, all_class, key_word):
        self.download_sum = 0
        self.download_max = download_max
        self.key_word = key_word
        self.save_path = '../images/%s/%s' % (all_class, key_word)
```

接下来的 start_download 函数结合了 URL 管理器和网页下载器的功能,通过不断循环,程序就一直可以获取新的 URL,并把 URL 传递给网页下载器。这个获取 URL 的过程就相当于自动获取下一网页的数据,因为这是一个分页的网页。网页下载器使用的函数是 requests.get(url),而在上面介绍网页下载器时使用的是 urllib2.urlopen(url)。二者其实没有什么区别,读者可以更换使用。这里介绍了更多的使用方式,读者可以根据自己的习惯使用对应的函数。

```python
def start_download(self):
    self.download_sum = 0
    gsm = 80
    str_gsm = str(gsm)
    pn = 0
    if not os.path.exists(self.save_path):
        os.makedirs(self.save_path)
    while self.download_sum < self.download_max:
        str_pn = str(self.download_sum)
        url = ' http://百度图片网站的域名/search/flip?tn=baiduimage&ie=utf-8&' \
```

```
                    'word=' + self.key_word + '&pn=' + str_pn + '&gsm=' + str_gsm + \
                    '&ct=&ic=0&lm=-1&width=0&height=0'
            print url
            result = requests.get(url)
            self.downloadImages(result.text)
        print '下载完成'
```

下面的 downloadImages 函数就是网页解析器和数据收集器的集合。首先获取传过来的网页数据，然后解析这个网页，主要是寻找图像的 URL。只有获得这个 URL，才可以下载这个图像。但问题来了，在上面介绍的网页解析器中，需要的信息是使用 HTML 标签包裹的，而我们这次所需的数据（图像的 URL）是 JSON 格式的，并不是使用 a 标签来包裹的，因此之前的方法就没办法使用了。本书使用另外一种方式——字符串匹配，因为作者观察到图像的 URL 是这样分布的：每张图像的 URL 都是以键值对方式存在的，格式为"objURL":"http://example.jpeg"。也就是说，通过寻找包含 objURL 的键值对，并且让它的值为任何字符，就可以找到图像的所有 URL。然后，使用图像的 URL 下载图像并保存在本地，这个下载图片的函数就相当于数据收集器。

```
def downloadImages(self, html):
    img_urls = re.findall('"objURL":"(.*?)",', html, re.S)
    print '找到关键词:' + self.key_word + '的图片，现在开始下载图片...'
    for img_url in img_urls:
        print '正在下载第' + str(self.download_sum + 1) +
        '张图片，图片地址:' + str(img_url)
        try:
            pic = requests.get(img_url, timeout=50)
            pic_name = self.save_path + '/' + str(uuid.uuid1()) + '.jpg'
            with open(pic_name, 'wb') as f:
                f.write(pic.content)
            self.download_sum += 1
            if self.download_sum >= self.download_max:
                break
        except Exception, e:
            print '【错误】当前图片无法下载，%s' % e
            continue
```

最后，在 main 函数中调用这个爬虫程序，这个有点像调度器。这里设置了一个循环，这样就可以一次输出所有类别图像的关键字。运行这个程序，就可以下载所有类别的图像了。

```
if __name__ == '__main__':
    all_class = input('请输入你要下载的总类别名称:')
    key_word_max = input('请输入你要下载几个类别:')
    key_words = []
    for sum in range(key_word_max):
        key_words.append(raw_input('请输入第%s个关键字:' % str(sum + 1)))
    max_sum = input('请输入对于每个类别下载的数量:')
    for key_word in key_words:
        downloadImages = DownloadImages(max_sum, all_class, key_word)
        downloadImages.start_download()
```

如果要下载 5 个类别的蔬菜图像,那么根据程序的提示输入对应的信息就可以了,如下所示。

```
请输入你要下载的总类别名称:蔬菜
请输入你要下载几个类别:5
请输入第 1 个关键字:西红柿
请输入第 2 个关键字:娃娃菜
请输入第 3 个关键字:荷兰豆
请输入第 4 个关键字:丝瓜
请输入第 5 个关键字:南瓜
请输入对于每个类别下载的数量:250
```

上面的输入表示对于每个类别下载 250 张图像,但是不是每张图像都是有效可用的,有不少的图像是不相关的,有些甚至是无效的图像。这些问题就需要用户手动处理了,即手动删除不相关和无效的图像。用户通过下载生成的目录若是中文目录,为了避免可能出现一些不必要的编码错误,建议改成英文目录。

5.4　数据集

前面的章节提到训练的数据需要转换成 reader,因此需要编写一个程序来把数据转换成训练器所需的数据格式。什么是 reader 呢?下面先看一下官方的介绍。

- reader 是读取数据(从文件、网络和随机数生成器等),以及生成数据项的函数。
- reader 的创建者是一个返回 reader 的函数。
- reader 装饰器是一个接受一个或多个 reader 并返回一个 reader 的函数。
- 批处理 reader 用于读取数据(从一个功能读取器、文件、网络和随机数生成器等),并产生一个批次的数据项。

下面的代码展示了如何生成 reader。可以把多条数据读取成一个 reader,其中每一条数据包括图像数据的矢量及其对应的标签。

```python
def reader_creator_random_image_and_label(width, height, label):
    def reader():
        while True:
            yield numpy.random.uniform(-1, 1, size=width*height), label
return reader
```

根据 reader 的要求，既要图像数据，又要标签，因此应该需要这样的图像列表的结构。我们计划每一行就是一条数据，包括图像的路径和标签，它们使用"\t"隔开。其实使用什么符号隔开都可以，只要在读取数据时，把它们分开就可以了。获取图像的路径之后，就可以生成图像的向量数据，而标签就是一个从 0 开始的整型数字。

```
../images/vegetables/loofah/d7608bb0-4dd6-11e8-8192-3c970e769528.jpg    1
../images/vegetables/loofah/ed54fc1c-4dd6-11e8-8192-3c970e769528.jpg    1
../images/vegetables/loofah/f92e412e-4dd6-11e8-8192-3c970e769528.jpg    1
../images/vegetables/pumpkin/00c32db8-4dd8-11e8-8192-3c970e769528.jpg    2
../images/vegetables/pumpkin/047c9c5a-4dd8-11e8-8192-3c970e769528.jpg    2
../images/vegetables/pumpkin/09563ac4-4dd8-11e8-8192-3c970e769528.jpg    2
```

5.4.1 生成图像列表

根据上面的数据格式，需要编写一个 CreateDataList.py 程序来生成这样的图像列表。在这个程序中，代码量不是很多，但是非常实用。只要传递一个大类别的文件夹路径就可以了，这个大类别的目录结构与下载图像之后生成的目录结构是一样的。一个大类别文件夹（如 vegetables）里面包括若干个小类别的文件夹，如 loofah、tomato 等，而这些目录存储这个类别的图像。最后，这个程序会通过迭代里面的每个小类别，生成对应格式的图像列表和一个介绍这个数据集的 JSON 文件。例如，把蔬菜类别的根目录以参数的形式传入程序中的../images/vegetables。

```python
import os
import json

class CreateDataList:
    def __init__(self):
        pass

    def createDataList(self, data_root_path):
        # 把生成的数据列表都放在自己的总类别文件夹中
        data_list_path = ''
```

```python
    # 所有类别的信息
    class_detail = []
    # 获取所有类别
    class_dirs = os.listdir(data_root_path)
    # 类别标签
    class_label = 0
    # 获取总类别的名称
    father_paths = data_root_path.split('/')
    while True:
        if father_paths[father_paths.__len__() - 1] == '':
            del father_paths[father_paths.__len__() - 1]
        else:
            break
    father_path = father_paths[father_paths.__len__() - 1]

    all_class_images = 0
    # 读取每个类别
    for class_dir in class_dirs:
        # 每个类别的信息
        class_detail_list = {}
        test_sum = 0
        trainer_sum = 0
        # 把生成的数据列表都放在自己的总类别文件夹中
        data_list_path = "../data/%s/" % father_path
        # 统计每个类别有多少张图片
        class_sum = 0
        # 获取类别路径
        path = data_root_path + "/" + class_dir
        # 获取所有图片
        img_paths = os.listdir(path)
        for img_path in img_paths:
            # 每张图片的路径
            name_path = path + '/' + img_path
            # 如果不存在这个文件夹，则创建一个文件夹
            isexist = os.path.exists(data_list_path)
            if not isexist:
                os.makedirs(data_list_path)
            # 从 10 张图片中取一张作为测试数据
            if class_sum % 10 == 0:
                test_sum += 1
                with open(data_list_path + "test.list", 'a') as f:
                    f.write(name_path + "\t%d" % class_label + "\n")
```

```
        else:
            trainer_sum += 1
            with open(data_list_path + "trainer.list", 'a') as f:
                f.write(name_path + "\t%d" % class_label + "\n")
        class_sum += 1
        all_class_images += 1
    # 说明JSON文件的class_detail数据
    class_detail_list['class_name'] = class_dir
    class_detail_list['class_label'] = class_label
    class_detail_list['class_test_images'] = test_sum
    class_detail_list['class_trainer_images'] = trainer_sum
    class_detail.append(class_detail_list)
    class_label += 1
# 获取类别数量
all_class_sum = class_dirs.__len__()
#关于这个数据集的信息
readjson = {}
readjson['all_class_name'] = father_path
readjson['all_class_sum'] = all_class_sum
readjson['all_class_images'] = all_class_images
readjson['class_detail'] = class_detail
jsons = json.dumps(readjson, sort_keys=True, indent=4, separators=(',',
': '))
with open(data_list_path + "readme.json",'w') as f:
    f.write(jsons)


if __name__ == '__main__':
    createDataList = CreateDataList()
    createDataList.createDataList('../images/vegetables')
```

在运行这个程序之后，会在 data 文件夹中生成一个单独的大类文件夹。比如，这次使用蔬菜类，因此会生成一个 vegetables 文件夹，在这个文件夹下有 3 个文件（见表 5-1）。

表 5-1 数据集的文件结构

文 件 名	作 用
trainer.list	用于训练的图像列表
test.list	用于测试的图像列表
readme.json	该数据集的 JSON 格式的说明，方便以后使用

其中关于图像列表就不用介绍了，上面分析的时候已经详细介绍了。需要介绍的是 readme.json 文件，其格式如下所示。可以清楚地看到整个数据集的图像数量、总类别名称和类别数量，还有每个类对应的标签、类别的名字，以及该类别的测试数据和训练数据的数量。当用户获得这些数据集时，只要阅读这个文件就可以知道这个数据集的具体情况了。

```
{
    "all_class_images": 1058,
    "all_class_name": "vegetables",
    "all_class_sum": 5,
    "class_detail": [
        {
            "class_label": 0,
            "class_name": "baby_cabbage",
            "class_test_images": 22,
            "class_trainer_images": 191
        },
        {
            "class_label": 1,
            "class_name": "loofah",
            "class_test_images": 19,
            "class_trainer_images": 167
        },
        {
            "class_label": 2,
            "class_name": "pumpkin",
            "class_test_images": 23,
            "class_trainer_images": 203
        }
        ...
```

到这里，就已经准备好了所有的数据，包括图像数据和图像列表，还有介绍数据集的 JSON 文件。接下来，读取数据，把数据读取成训练器所需的 reader。

5.4.2　读取数据

现在创建一个名为 Myreader.py 的 Python 文件来读取数据。在上文介绍了 reader() 函数，每条数据都包含图片数和该图片对应的标签，但现在只获取图片的路径和标签不能直接使用上面的 reader() 生成 reader 数据，还要做一些处理。使用下面这个接口，通过这个接口把图片路径映射到 mapper 函数，通过这个 mapper 函数把图片转换成向量。

```
paddle.v2.reader.xmap_readers(mapper, reader, process_num, buffer_size,
                              order=False)
```

这个接口使用多个线程将来自 reader 的样本映射到由用户定义的映射器。xmap_readers() 函数还包含一个缓冲装饰器，用于指定缓存的大小。

xmap_readers()函数的各个参数的作用如下。

- mapper：映射样本的函数。
- reader：上面定义的数据读取器 reader()。
- process_num：处理原始样本的进程。
- buffer_size：最大的缓存。
- order：reader 的顺序。

该函数的返回值是 reader。

因此，首先编写一个 train_reader()函数，该函数主要对图像列表的数据进行解析处理，然后使用 reader()函数封装成一个 reader，接着把这个 reader 传给映射函数 train_mapper()。

下面就是 train_reader()函数的代码。这里虽然只介绍了训练部分的数据读取，但是测试部分的数据读取基本上是一样的，对于不同的地方，本章会进行解析。从下面这些代码中可以看出，根据图像列表的格式，在解析图像的路径和标签的时候，使用"\t"来分隔它们。同时，还使用 yield 关键字对数据顺序进行打乱，保证每次数据的顺序都是不一样的。

```python
def train_reader(self,train_list, buffered_size=1024):
    def reader():
        with open(train_list, 'r') as f:
            lines = [line.strip() for line in f]
            for line in lines:
                img_path, lab = line.strip().split('\t')
                yield img_path, int(lab)

    return paddle.reader.xmap_readers(self.train_mapper, reader,
                                      cpu_count(), buffered_size)
```

在 train_reader()函数最后的 return 语句中，使用刚才介绍的 xmap_readers()接口，而这个接口映射的函数是 train_mapper()。现在介绍 train_mapper()函数。

```
def train_mapper(self, sample):
    img, label = sample
    img = paddle.image.load_image(img)
    img = paddle.image.simple_transform(img,
                                int(self.imageSize * 1.1),
                                self.imageSize,
                                True)
    return img.flatten().astype('float32'), label
```

train_mapper()函数中主要使用了两个 PaddlePaddle 接口，分别是 load_image()和 simple_transform()。

load_image()的语法如下。

```
paddle.v2.image.load_image(file, is_color=True)
```

load_image()接口从文件路径加载彩色或灰色图像，其参数如下。

- file (string)：输入图像路径。
- is_color (bool)：如果设置 is_color 为真，那么它将加载并返回一幅彩色图像；否则，它将加载并返回一幅灰色图像。

simple_transform()的语法如下。

```
paddle.v2.image.simple_transform(im, resize_size, crop_size, is_train,
                                is_color=True, mean=None)
```

simple_transform()接口主要对图像进行一些操作，包括调整大小、裁剪和翻转等，其参数如下。

- im（ndarray）：HWC 通道的输入图像。
- resize_size（int）：调整图像较短边缘的长度，也就是把图像缩放成参数指定的大小，这里设置的大小是裁剪大小的 1.1 倍。
- crop_size（int）：裁剪尺寸，对应的是训练图像的大小，一般比缩放的大小要小一些，这样才有随机裁剪的空间。
- is_train（bool）：无论是否训练，如果设置为 True，就随机裁剪图像；否则，就从中心裁剪。
- is_color（bool）：表示图像是否是彩色的。
- mean（numpy array | list）：平均值。可以是每个通道的元素平均值或平均值。

在训练数据和测试数据的读取方式中，simple_transform()函数的参数 is_train 的值不同。在训练时该参数的值为 True，图像会按照指定的大小进行随机裁剪，这是一种数据增强的方式。只要裁剪的开始位置不一样，这个图像中像素的排列就完全不一样，虽然人眼看起来是一样的，但是计算机会认为它们不一样，这样不断地随机裁剪，就相当于不断生成新的图像数据。而当设置成 False 时，进行中心裁剪，这样每次得到的图像都是一样的，不会影响测试的准确率。

下面就是 MyReader.py 程序的全部代码，包含了训练数据的读取和测试数据的读取。

```python
from multiprocessing import cpu_count
import paddle.v2 as paddle


class MyReader:
    def __init__(self, imageSize):
        self.imageSize = imageSize


    def train_reader(self, train_list, buffered_size=1024):
        def reader():
            with open(train_list, 'r') as f:
                lines = [line.strip() for line in f]
                for line in lines:
                    img_path, lab = line.strip().split('\t')
                    yield img_path, int(lab)

        return paddle.reader.xmap_readers(self.train_mapper, reader,
                                          cpu_count(), buffered_size)


    def train_mapper(self, sample):
        img, label = sample
        img = paddle.image.load_image(img)
        img = paddle.image.simple_transform(img,
                                            int(self.imageSize * 1.1),
                                            self.imageSize,
                                            True)
        return img.flatten().astype('float32'), label


    def test_reader(self, test_list, buffered_size=1024):
        def reader():
            with open(test_list, 'r') as f:
                lines = [line.strip() for line in f]
                for line in lines:
                    img_path, lab = line.strip().split('\t')
                    yield img_path, int(lab)
```

```
        return paddle.reader.xmap_readers(self.test_mapper, reader,
                                          cpu_count(), buffered_size)

    def test_mapper(self, sample):
        img, label = sample
        img = paddle.image.load_image(img)
        img = paddle.image.simple_transform(img,
                                            int(self.imageSize * 1.1),
                                            self.imageSize,
                                            False)
        return img.flatten().astype('float32'), label
```

到这里，数据读取终于大功告成了。接下来，训练模型。下一节会介绍如何训练自定义数据集的分类模型。

5.5　定义神经网络

同样使用 VGG16 模型，因为这个模型使用起来挺方便，以至于现在很多的模型都是在它的基础之上进一步开发的。下面编写一个名为 vgg.py 的文件来定义 VGG16 神经网络。这里使用的是 VGG16 神经网络，与上一章用到的 VGG 又有些不同，主要进行如下改动。

卷积块中的参数 conv_with_batchnorm 设置成了 False，也就是说，把 BN 关闭了，在这里不使用 BN 层。因为自定义的数据集相对于 CIFAR 数据集要小很多，如果启用了 BN 层，也就启用了 Dropout 层，如果启用了 Dropout 层，会丢失很多的图像特征，而没有足够的模型进行学习，从而导致模型无法收敛。

还有一个办法，可以启用 BN 层。只要把 drop_rate 全部设置为 0.0 就可以了，这样的处理会更好一些，因为使用 BN 层的效果模型就可以正常收敛。

```
import paddle.v2 as paddle

def vgg_bn_drop(datadim, type_size):
    # 获取输入数据的模式
    image = paddle.layer.data(name="image",
                              type=paddle.data_type.dense_vector(datadim))

    def conv_block(ipt, num_filter, groups, dropouts, num_channels=None):
        return paddle.networks.img_conv_group(
```

```
                input=ipt,
                num_channels=num_channels,
                pool_size=2,
                pool_stride=2,
                conv_num_filter=[num_filter] * groups,
                conv_filter_size=3,
                conv_act=paddle.activation.Relu(),
                conv_with_batchnorm=True,
                conv_batchnorm_drop_rate=dropouts,
                pool_type=paddle.pooling.Max())

    conv1 = conv_block(image, 64, 2, [0.0, 0], 3)
    conv2 = conv_block(conv1, 128, 2, [0.0, 0])
    conv3 = conv_block(conv2, 256, 3, [0.0, 0.0, 0])
    conv4 = conv_block(conv3, 512, 3, [0.0, 0.0, 0])
    conv5 = conv_block(conv4, 512, 3, [0.0, 0.0, 0])

    drop = paddle.layer.dropout(input=conv5, dropout_rate=0.5)
    fc1 = paddle.layer.fc(input=drop, size=512, act=paddle.activation.Linear())
    bn = paddle.layer.batch_norm(input=fc1,
                                 act=paddle.activation.Relu(),
                                 layer_attr=paddle.attr.Extra(drop_rate=0.0))
    fc2 = paddle.layer.fc(input=bn, size=512, act=paddle.activation.Linear())
    # 通过 Softmax 获得分类器
    out = paddle.layer.fc(input=fc2,
                          size=type_size,
                          act=paddle.activation.Softmax())
    return out
```

5.6 使用 PaddlePaddle 开始训练

按照之前介绍的方法，先创建名为 train.py 的 Python 文件来编写训练模型的代码。

首先，导入依赖包，其中导入前面定义的 Myreader.py（读取数据的程序），以便于加载训练和测试数据。

然后，创建一个工具类 PaddleUtil，并在类中创建一个初始化函数，在该初始化函数中初始化用户的 PaddlePaddle。

最后，实现获取模型参数的函数。可以向该函数输入参数文件路径或者损失函数。如果输入的是参数文件路径，就使用之前训练好的模型参数。如果不传入参数文件路径，那就使用传入的损失函数生成参数。

```
import os
import sys
import paddle.v2 as paddle
from MyReader import MyReader
from vgg import vgg_bn_drop

class PaddleUtil:
    def __init__(self):
        # 初始化 PaddlePaddle,只使用 CPU,关闭 GPU
        paddle.init(use_gpu=False, trainer_count=2)

def get_parameters(self, parameters_path=None, cost=None):
    if not parameters_path:
        # 使用 cost 创建参数
        if not cost:
            raise NameError('请输入 cost 参数')
        else:
            # 根据损失函数创建参数
            parameters = paddle.parameters.create(cost)
            print "cost"
            return parameters
    else:
        # 使用之前训练好的参数
        try:
            # 使用训练好的参数
            with open(parameters_path, 'r') as f:
                parameters = paddle.parameters.Parameters.from_tar(f)
            print "使用 parameters"
            return parameters
        except Exception as e:
            raise NameError("你的参数文件错误,具体问题是:%s" % e)
```

5.6.1　创建训练器

获取参数之后,接下来创建训练器,相信这个步骤读者已经很熟悉了。为创建 SGD 函数所需的 3 个参数分别是损失函数、模型参数和优化方法。通过图像的标签信息和分类器生成损失函数。参数可以选择使用之前训练好的参数,然后在此基础上进行训练,或者使用损失函数生成初始化参数,接着生成优化方法。这些模型参数的创建,相信读者已经很熟悉了。

```
# datadim 的大小
def get_trainer(self, datadim, type_size, parameters_path):
```

```python
    # 获得图片对应信息的标签
    label = paddle.layer.data(name="label",
                              type=paddle.data_type.integer_value(type_size))

    # 获取全连接层,也就是分类器
    out = vgg_bn_drop(datadim=datadim, type_size=type_size)

    # 获得损失函数
    cost = paddle.layer.classification_cost(input=out, label=label)

    # 获得参数
    if not parameters_path:
        parameters = self.get_parameters(cost=cost)
    else:
        parameters = self.get_parameters(parameters_path=parameters_path)

    optimizer = paddle.optimizer.Momentum(
        momentum=0.9,
        regularization=paddle.optimizer.L2Regularization(rate=0.0005 * 128),
        learning_rate=0.001 / 128,
        learning_rate_decay_a=0.1,
        learning_rate_decay_b=128000 * 35,
        learning_rate_schedule="discexp", )

    trainer = paddle.trainer.SGD(cost=cost,
                                 parameters=parameters,
                                 update_equation=optimizer)
    return trainer
```

5.6.2 开始训练

接下来,开始训练模型,这里就不再详细介绍训练的过程了。如果读者忘记了参数的作用,可以查看上一章。这里主要介绍 reader 参数,在上一章中,shuffle 中的 reader 使用 PaddlePaddle 的数据集接口 paddle.dataset.cifar.train10(),而在这里使用的是在 MyReader 中生成的 reader,这个可以在 main 函数中看到。

```python
def start_trainer(self, trainer, num_passes, save_parameters_name,
                  trainer_reader, test_reader):
    # 获得数据
    reader = paddle.batch(reader=paddle.reader.shuffle(reader=trainer_reader,
                                                       buf_size=50000),
                          batch_size=64)
```

```
# 保证保存模型的目录是存在的
father_path = save_parameters_name[:save_parameters_name.rfind("/")]
if not os.path.exists(father_path):
    os.makedirs(father_path)

# 指定每条数据和 padd.layer.data 的对应关系
feeding = {"image": 0, "label": 1}

# 定义训练事件处理程序
def event_handler(event):
    if isinstance(event, paddle.event.EndIteration):
        if event.batch_id % 100 == 0:
            print "\nPass %d, Batch %d, Cost %f, Error %s" % (
                event.pass_id, event.batch_id, event.cost,
                event.metrics['classification_error_evaluator'])
        else:
            sys.stdout.write('.')
            sys.stdout.flush()

    # 每一轮训练完成之后
    if isinstance(event, paddle.event.EndPass):
        # 保存训练好的参数
        with open(save_parameters_name, 'w') as f:
            trainer.save_parameter_to_tar(f)

        # 测试准确率
        result = trainer.test(reader=paddle.batch(reader=test_reader,
                                                  batch_size=64),
                              feeding=feeding)
        print "\nTest with Pass %d, Classification_Error %s" % (
            event.pass_id, result.metrics['classification_error_evaluator'])

trainer.train(reader=reader,
              num_passes=num_passes,
              event_handler=event_handler,
              feeding=feeding)
```

上一章的 main 函数没有那么复杂，这里之所以需要那么多的参数，是因为这里要设定以下参数。

- type_size 用于指定类别的数量，这可以根据读者需要训练的类别数量进行改变。
- imageSize 用于指定图像大小。在 MyReader 中，已经把图像统一缩小成 imageSize 的 10/11 了。当然，这个比例也可以根据读者实际的需求进行改动，但是比例不能差别太大, 否则会丢失很多特征数据。这里把 imageSize 改成 200, 相对于上一章中 32×32 像素的图像, 这个大很多。另外, 虽然数量少, 但计算量不小。对比一下每张图像的大小, CIFAR 数据集中每张图像的大小是 32×32×3 像素, 即 3072 像素, 而我们本次使用的图像大小是 200×200×3 像素, 即 120000 像素, 突然就大了很多。如果出现内存不足, 可以调小 batch_size, 或者减小 imageSize。但是要注意的是, 如果图像缩放得太小, 那么会丢失很多特征。

● 通过 num_passes 设置训练的轮数。

比较重要的是数据的 reader, 训练数据可以通过调用 MyReader.train_ reader()函数得到, 测试数据可以通过调用 myReader.test_reader()得到。

执行这个 main 函数就可以启动训练了, 如果读者使用 CPU 来训练, 可能速度会比较慢。

```python
if __name__ == '__main__':
    # 类别总数
    type_size = 5
    # 图片大小
    imageSize = 200
    # 总的分类名称
    all_class_name = 'vegetables'
    # 保存的model路径
    parameters_path = "../model/model.tar"
    # 数据的大小
    datadim = 3 * imageSize * imageSize
    paddleUtil = PaddleUtil()
    myReader = MyReader(imageSize=imageSize)
    # 若把 parameters_path 设置为 None，就使用损失函数生成模型参数
    trainer = paddleUtil.get_trainer(datadim=datadim, type_size=type_size,
    parameters_path=None)
    trainer_reader = myReader.train_reader(train_list="../data/%s/trainer.list"
    % all_class_name)
    test_reader = myReader.test_reader(test_list="../data/%s/test.list" % all_
    class_name)

    paddleUtil.start_trainer(trainer=trainer, num_passes=50, save_parameters_
    name=parameters_path, trainer_reader=trainer_reader, test_reader=test_reader)
```

在训练期间，控制台会输出以下日志。

```
Pass 39, Batch 0, Cost 0.294803, Error 0.109375
.............
Test with Pass 39, Classification_Error 0.229357793927

Pass 40, Batch 0, Cost 0.370888, Error 0.109375
.............
Test with Pass 40, Classification_Error 0.183486238122
```

顺便提一下，如果出现以下错误，通常是因为图像错误，或者图像不存在，还有可能是 PaddlePaddle 版本的原因。

```
File "/usr/local/lib/python2.7/dist-packages/paddle/v2/image.py", line 321,
in simple_transform
  im = resize_short(im, resize_size)
File "/usr/local/lib/python2.7/dist-packages/paddle/v2/image.py", line 179,
in resize_short
  h, w = im.shape[:2]
AttributeError: 'NoneType' object has no attribute 'shape'
```

5.7　使用 PaddlePaddle 预测

用户训练的模型当然是要用来做预测的。下面编写一个名为 infer.py 的程序来预测用户的数据。

首先，定义一个获取模型参数的函数 get_parameters()，根据保存的模型参数文件获取之前训练好的模型参数。

```
def get_parameters(parameters_path):
    with open(parameters_path, 'r') as f:
        parameters = paddle.parameters.Parameters.from_tar(f)
    return parameters
```

然后，定义预测函数 to_prediction()，这个函数的作用就是返回图像的预测结果。该函数需要 4 个参数。第一个是需要预测的图像，图像传入之后，会由 load_and_transform 函数处理，处理方式与测试时处理图像的方式是一样的，根据输入数据的大小从中心裁剪图像，并把图像转化成矢量数据。第二个是训练好的参数，就是上面函数获得的模型参数。第三个是通过神经模型生成的分类器，在本章中是 VGG 神经模型生成的分类器。第四个是图像的大小，这个大小与训练图像的大小是一样的。

```
def to_prediction(image_paths, parameters, out, imageSize):
```

```python
# 获得要预测的图片
test_data = []
for image_path in image_paths:
    test_data.append((paddle.image.load_and_transform(image_path,
                                                      int(imageSize * 1.1),
                                                      imageSize,
                                                      False)
                      .flatten().astype('float32'),))

# 获得预测结果
probs = paddle.infer(output_layer=out,
                     parameters=parameters,
                     input=test_data)
# 处理预测结果
lab = np.argsort(-probs)
# 返回概率最大的值及其对应的概率值
all_result = []
for i in range(0, lab.__len__()):
    all_result.append([lab[i][0], probs[i][(lab[i][0])]])
return all_result
```

to_prediction()函数支持同时预测多个图像，在传入图像路径时，以列表的方式把图像路径存在列表中。在返回的结果中，也会返回每一张图像的预测结果中概率最大的标签及其对应的概率。

接下来，在 infer.py 的 main 函数中定义参数并调用相应的函数进行预测，这里把多个图像的路径保存在 image_path 列表中。通过调用 to_prediction()可以获取所有图像预测的结果。最后，用户不要忘记在使用 PaddlePaddle 前初始化它。

```python
if __name__ == '__main__':
    paddle.init(use_gpu=False, trainer_count=2)
    # 类别总数
    type_size = 5
    # 图片大小
    imageSize = 200
    # 保存的 model 路径
    parameters_path = "../model/model.tar"
    # 数据的大小
    datadim = 3 * imageSize * imageSize
```

```
# 添加数据
image_path = []
image_path.append("../images/vegetables/loofah/71070c44-4dd7-11e8-8192-
3c970e769528.jpg")
image_path.append("../images/vegetables/pumpkin/d9fcc518-4dd7-11e8-8192-
3c970e769528.jpg")
image_path.append("../images/vegetables/baby_cabbage/45cad792-4dd5-11e8-
8192-3c970e769528.jpg")
out = vgg_bn_drop(datadim=datadim, type_size=type_size)
parameters = get_parameters(parameters_path=parameters_path)
all_result = to_prediction(image_paths=image_path, parameters=parameters,
                           out=out, imageSize=imageSize)
for i in range(0, all_result.__len__()):
    print '预测结果为:%d,可信度为:%f' % (all_result[i][0], all_result[i][1])
```

以下就是运行结果。

```
预测结果为:3,可信度为:0.756390
预测结果为:2,可信度为:0.995529
预测结果为:0,可信庶为:0.900474
```

正确的结果应该是 1、2、0，从准确率来看，还可以。其中输出的结果是标签形式的。不知读者是否还记得我们在生成数据列表时也生成了一个数据集的 JSON 文件？这个文件中就有标签对应类别的名称，可以根据这个文件来编写一个程序，让输出的不是类别的标签，而是真实的类别名称。这里就不提供这个程序了，读者有兴趣的话可以自行编写。

5.8　小结

在本章中，使用了之前所学的模型来训练用户自己的数据集，这种需求量是非常大的。如果项目中需要用到图像分类的功能，恰好用户也有相应的数据集，调用第三方的接口可能会收费。当然，有一些接口是免费的，如百度的图像识别接口。但是，我们还是希望使用自己的数据集训练模型进行预测，这种针对性训练的识别效果可能会好很多。在下一章中，使用图像识别功能做一些更有趣的事情，如通过深度学习识别网站的验证码。

第6章 验证码的识别

6.1 引言

上一章介绍了自定义的数据集训练预测模型，讨论了如何根据实际项目的需求自定义数据集。现在很多的网站都有验证码，读者是否曾经想过使用一个程序来识别这些验证码，而不是靠人工来辨认呢？下面就使用深度学习技术来识别网站的验证码。

本章代码参见 GitHub 的 yeyupiaoling 主页里 BookSource 中的 chapter6。测试环境是 Python 2.7 和 PaddlePaddle 0.11.0。

6.2 数据集的获取

在本章使用的验证码是正方教务系统的登录验证码，现在很多大学的教务系统使用的就是这个系统。既然这个系统那么普遍，就以它作为示例。通过观察大量的验证码发现，该系统的验证码只有小写的字母和数字，这样分类就少了很多。使用一些测量工具来测量验证码的结构，比如作者用 Windows 自带的画板来进行测量。通过测量得出该系统的验证码结构，如表 6-1 所示。

表 6-1　验证码结构

验证码	尺寸	说明
rq10	72×27 像素	只有数字和小写字母
r	12×27 像素	第一个字符在 X 方向上从 5 像素开始裁剪到 17 像素，在 Y 方向上取全部像素，即从 0 像素裁剪到 27 像素
d	12×27 像素	第二个字符在 X 方向上从 17 像素开始裁剪到 29 像素，在 Y 方向上取全部像素，即从 0 像素裁剪到 27 像素

续表

验 证 码	尺　寸	说　　明
N	12×27 像素	第三个字符在 X 方向上从 29 像素开始裁剪到 41 像素，在 Y 方向取全部像素，即从 0 像素裁剪到 27 像素
0	12×27 像素	第四个字符在 X 方向上从 41 像素开始裁剪到 53 像素，在 Y 方向上取全部像素，即从 0 像素裁剪到 27 像素

通过表 6-1，我们知道了验证码中每个字符所在的位置，然后就可以开始裁剪验证码。为什么要把每个字符都裁剪出来呢？我们使用的图像分类只识别图像的单个结果，并不能一下子全部识别，因此要把每个图像都裁剪出来然后单独识别。目前也有一些模型是可以实现单图像多物体识别的，这个模型会在之后的章节中介绍。那么，现在先按照本章刚开始的思路进行操作。在裁剪之前，先编写一个下载程序，让该程序来帮助用户下载更多的验证码。

6.2.1　下载验证码

编写一个下载验证码的程序 DownloadYanZhengMa.py，这个程序的结构与上一章使用的下载百度图像的爬虫程序类似，不过这个程序要简单很多，因为本章的验证码只要访问一个链接，就可以获得验证码图像，而下载验证码只要不断刷新这个链接就可以获取不同的验证码，逻辑要简单很多。

```python
import re
import uuid
import requests
import os


class DownloadYanZhengMa:
    def __init__(self, save_path, download_max, url):
        self.download_sum = 0
        self.save_path = save_path
        self.download_max = download_max
        self.url = url
        # 创建保存的文件夹
        if not os.path.exists(self.save_path):
            os.makedirs(self.save_path)

    def downloadImages(self):
        try:
```

```
            pic = requests.get(self.url, timeout=500)
            pic_name = self.save_path + '/' + str(uuid.uuid1()) + '.png'
            with open(pic_name, 'wb') as f:
                f.write(pic.content)
            self.download_sum += 1
            print '已下载完成' + str(self.download_sum) + '张验证码'
            if self.download_sum < self.download_max:
                return self.downloadImages()
        except Exception, e:
            print '【错误】当前图片无法下载, %s' % e
            return self.downloadImages()

if __name__ == '__main__':
    # 验证码的保存路径
    save_path = '../images/download_yanzhengma'
    # 验证码的下载数量
    download_max = 10
    # 下载验证码的网址, 注意, 此处的 example 是一个虚拟域名
    url = 'http:// example.com'
    downloadYanZhenMa = DownloadYanZhengMa(save_path=save_path,
                                    download_max=download_max, url=url)
    downloadYanZhenMa.downloadImages()
```

　　这里主要的功能函数是 downloadImages()，这个函数一开始访问这个图像中对应的路径，获取网页内容，然后把这个网页的内容以文件形式保存下来。因为这个网页中只有一幅图像，所以不用专门处理这个网页，需要使用二进制文件的方式保存图片。

　　第一次执行 downloadImages()函数时就可以下载一张验证码图像。这里使用递归的方式来不断执行这个函数，只要下载量少于指定的数量就可以一直递归执行这个函数，不断获取新的验证码。当然，这也可以使用循环来完成。

　　这个程序的主要参数表示保存路径和需要下载的验证码图像的数量。如果读者想要下载其他网站的验证码，要确定其验证码的获取途径是否与本例中 example 网站的相同。

6.2.2　修改验证码的文件名

　　通过观察 6.2.1 节的代码，用户会发现下载后的验证码都存储在 images/download_yanzhengma 文件夹中。下载后的验证码是以 UUID 命名的，而这个命名不是我们想要的，因此，待下载验证码完成之后，还需要做以下事情。

　　1）将每一张验证码命名为其对应的验证码内容，如验证码的内容是 rql0，就要把这个图像命名为 rql0。这项任务的工作量可能相当大。

2）将命名好的验证码移动到 images/src_yanzhengma/文件夹中。

修改验证码的文件名是一个非常费时的工作，如何快速且正确地命名，就要发挥读者的想象力了。顺便提一下，Windows 操作系统中的重命名快捷键是 F2，使用这个快捷键可以快速进行命名。为什么要这样命名呢？下一节会解释原因。

6.2.3　裁剪验证码

上文介绍了验证码的结构，知道了每一个字符所在的位置，根据它们所在的位置和大小可以使用程序的方式来自动裁剪验证码。编写一个 CorpYanZhengMa.py 程序，让它来帮助用户裁剪所有验证码，但是要注意以下两点。

- 验证码的命名一定要对应验证码的内容，也就是修改验证码文件名时要完成的工作。
- 裁剪的验证码会单独存放在自己对应的文件夹中，如字符 2 的图像会存放在命名为 2 的文件夹下。

首先导入我们需要的依赖库，其中 PIL 库是常用的图像处理库，在前几章中也使用到了，可能读者没有注意。PIL 库相当强大，之前的图像缩放、图像灰度化，以及将要使用的裁剪都是使用这个库来实现的。

```
import os
import uuid
from PIL import Image
```

首先，创建一个 YanZhengMaUtil 类，然后创建一个 splitimage()函数，图像裁剪都在这个函数中完成。然后，获取每张验证码图像的名字，这样做的原因是接下来为每个字符创建一个文件夹。

```
class YanZhengMaUtil():
    def splitimage(self,src, dstpath):
        name = src.split('/')
        name1 = name[name.__len__() - 1]
        name2 = name1.split('.')[0]
        l1 = list(name2)
```

接下来，裁剪图像。为此，首先创建 4 个"框"，定义 *x* 坐标的起点、*y* 坐标的起点、*x* 坐标的终点和 *y* 坐标的终点。我们是根据上面测量到的每个字符的位置和大小设计这 4 个框的。然后通过调用 crop()函数进行裁剪。在裁剪之后，也调用了 convert('L')函数，把裁剪后的图像进行灰度化。因为颜色对本例中的训练模型毫无用处，既不能提高识别率，又会增加计算量，所以要把图像灰度化，变成单道通的图像。

```python
img = Image.open(src)
box1 = (5, 0, 17, 27)
box2 = (17, 0, 29, 27)
box3 = (29, 0, 41, 27)
box4 = (41, 0, 53, 27)
path1 = dstpath + '/%s' % l1[0]
path2 = dstpath + '/%s' % l1[1]
path3 = dstpath + '/%s' % l1[2]
path4 = dstpath + '/%s' % l1[3]
if not os.path.exists(path1):
    os.makedirs(path1)
if not os.path.exists(path2):
    os.makedirs(path2)
if not os.path.exists(path3):
    os.makedirs(path3)
if not os.path.exists(path4):
    os.makedirs(path4)
img.crop(box1).convert('L').save(path1 + '/%s.png' % uuid.uuid1())
img.crop(box2).convert('L').save(path2 + '/%s.png' % uuid.uuid1())
img.crop(box3).convert('L').save(path3 + '/%s.png' % uuid.uuid1())
img.crop(box4).convert('L').save(path4 + '/%s.png' % uuid.uuid1())
```

最后，在 main 函数中调用 splitimage()函数，把之前放在 src_yanzhengma 中的图像全部裁剪，通过 os.listdir()函数获取该路径中的所有图片，然后使用循环对于这些图片进行裁剪。

```python
if __name__ == '__main__':
    root_path = 'images/src_yanzhengma/'
    dstpath = 'images/dst_yanzhengma/'
    imgs = os.listdir(root_path)
    yanZhenMaUtil = YanZhenMaUtil()
    for src in imgs:
        src = root_path + src
        yanZhenMaUtil.splitimage(src=src, dstpath=dstpath)
```

通过上面程序的裁剪之后，会生成不同类型的文件夹，裁剪的图片会放在这里。每张裁剪后的图像都会存放在其对应的文件夹中，如图 6-1 所示。

　　当裁剪完成之后，读者可能会发现只有 33 个文件夹，按道理来说，10 个数字加上 26 个字母，应该是 36 个类别才对，为什么只有 33 个呢？因为验证码去掉了容易混淆的 9、o、z，只剩下了 33 个类别。

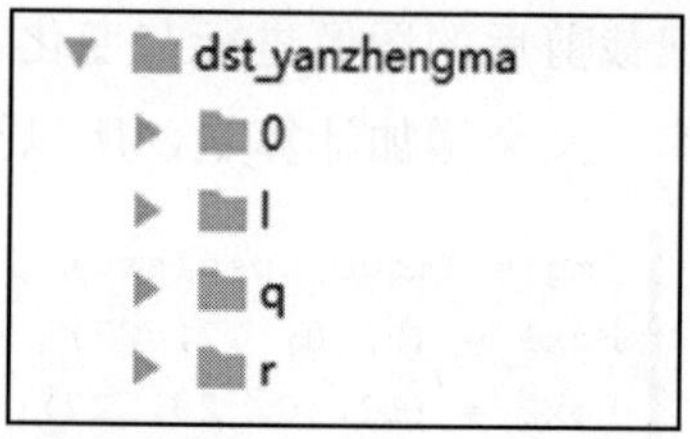

图 6-1　裁剪后的图像文件夹

6.2.4　生成图像列表

　　由于同样需要一个图像列表，因此要编写一个名为 CreateDataList.py 的程序来生成一个图像列表，这个图像列表包含裁剪后验证码的图像。关于生成图像列表的代码，在这里就不展示了，第 5 章已经介绍过了。CreateDataList.py 程序使用的是前面裁剪后图片存放的路径../images/dst_yanzhengma，在图像列表中图像的路径是相对路径，要注意训练代码存放的位置。

　　通过上面名为 CreateDataList.py 的程序，同样会生成 3 个文件——trainer. list、test.list 和 readme.json。其中 trainer.list 和 test.list 分布用来训练与测试，用户可以把所有数据的 10%用来测试，90%的数据用来训练。这里再次展示 readme.json 这个文件，在本章中它的作用就更重要了，因为在预测的时候需要通过它寻找标签对应的字符。readme.json 中的代码如下。

```
{
    "all_class_images": 5784,
    "all_class_name": "dst_yanzhengma",
    "all_class_sum": 33,
    "class_detail": [
        {
            "class_label": 0,
            "class_name": "0",
            "class_test_images": 24,
            "class_trainer_images": 216
        },
        {
            "class_label": 1,
            "class_name": "1",
            "class_test_images": 23,
            "class_trainer_images": 201
        },
        ...
```

6.3 读取数据

因为使用自定义数据集，所以同样使用 MyReader.py 这个程序来读取数据。然而，在本章有点不一样，因为本章使用单通道的灰度图，所以 simple_transform()接口的参数要改变，把第 5 个参数 is_color 的值变成 False，因为默认的是 True。第 5 章提到过 simple_transform() 接口，其语法格式如下。

```
paddle.v2.image.simple_transform(im, resize_size, crop_size, is_train,
                                 is_color = True, mean = None)
```

相关参数介绍如下。

- im（ndarray）：表示 HWC 布局的输入图像。
- resize_size（int）：表示将图像拉伸成指定大小。
- crop_size（int）：表示裁剪尺寸。
- is_train（bool）：表示是否训练。
- is_color（bool）：表示图像是否是彩色的。
- mean（numpy array | list）：平均值。可以是每个通道的元素平均值或平均值。

对于 load_image()接口，它的第二个参数 is_color 默认也是 True，该参数也需要修改成 False。

```
paddle.v2.image.load_image(file, is_color=True)
```

相关参数介绍如下。

- file：表示输入图像的路径。
- is_color：如果 is_color 设置为 True，那么它将加载并返回一幅彩色图像；否则，它将加载并返回一幅灰色图像。

MyReader.py 也要进行相应的调整，修改 simple_transform()接口和 load_image()接口的参数值，把 train_mapper()函数和 test_mapper()函数中的这两个接口的 is_color 设置成 False，如下所示。

```
def train_mapper(self, sample):
    img, label = sample
    # 因为是灰度图,所以 is_color=False
    img = paddle.image.load_image(img, is_color=False)
    img = paddle.image.simple_transform(img, int(self.imageSize * 1.1),
                                        self.imageSize, True, is_color=False)
```

```
        return img.flatten().astype('float32'), label

    def test_mapper(self, sample):
        img, label = sample
        # 因为是灰度图,所以 is_color=False
        img = paddle.image.load_image(img, is_color=False)
        img = paddle.image.simple_transform(img, int(self.imageSize * 1.1),
                                            self.imageSize, False, is_color=False)
        return img.flatten().astype('float32'), label
```

介绍到这里,顺便提醒一下,如果读者的 PaddlePaddle 版本比较低,可能会出现下面的错误。这是因为在旧版本中 load_image 接口和 simple_transform 接口没有对图片进行灰度化,所以会报错,这时只需要升级到最新的 PaddlePaddle 就可以了。如果读者使用最新源码编译 PaddlePaddle,那么应该是没有问题的。

```
File "/usr/local/lib/python2.7/dist-packages/paddle/v2/image.py", line 321,
  in simple_transform
    im = resize_short(im, resize_size)
File "/usr/local/lib/python2.7/dist-packages/paddle/v2/image.py", line 179,
  in resize_short
    h, w = im.shape[:2]
AttributeError: 'NoneType' object has no attribute 'shape'
```

6.4　使用 PaddlePaddle 开始训练

在开始训练之前,同样要定义一个神经网络 vgg.py,我们这次使用的还是前面两章使用的 VGG16 神经网络模型。同时与上一章中提到的一样,因为数据集比较小,所以需要把 Dropout 层的 drop_rate 全部设置为 0。

```
import paddle.v2 as paddle


def vgg_bn_drop(datadim, type_size):
    image = paddle.layer.data(name="image",
                              type=paddle.data_type.dense_vector(datadim))

    def conv_block(ipt, num_filter, groups, dropouts, num_channels=None):
        return paddle.networks.img_conv_group(
            input=ipt,
            num_channels=num_channels,
            pool_size=2,
```

```
                        pool_stride=2,
                        conv_num_filter=[num_filter] * groups,
                        conv_filter_size=3,
                        conv_act=paddle.activation.Relu(),
                        conv_with_batchnorm=True,
                        conv_batchnorm_drop_rate=dropouts,
                        pool_type=paddle.pooling.Max())

    # 最后一个参数是图像的通道数
    conv1 = conv_block(image, 64, 2, [0.0, 0], 1)
    conv2 = conv_block(conv1, 128, 2, [0.0, 0])
    conv3 = conv_block(conv2, 256, 3, [0.0, 0.0, 0])
    conv4 = conv_block(conv3, 512, 3, [0.0, 0.0, 0])
    conv5 = conv_block(conv4, 512, 3, [0.0, 0.0, 0])

    drop = paddle.layer.dropout(input=conv5, dropout_rate=0.5)
    fc1 = paddle.layer.fc(input=drop, size=512, act=paddle.activation.Linear())
    bn = paddle.layer.batch_norm(input=fc1,
                            act=paddle.activation.Relu(),
                            layer_attr=paddle.attr.Extra(drop_rate=0.0))
    fc2 = paddle.layer.fc(input=bn, size=512, act=paddle.activation.Linear())
    # 通过 Softmax 获得分类器
    out = paddle.layer.fc(input=fc2,
                        size=type_size,
                        act=paddle.activation.Softmax())
    return out
```

接下来，创建一个名为 train.py 的 Python 文件。输入以下代码，导入库的初始化 PaddlePaddle 语句。

```
import sys
import os
import paddle.v2 as paddle
from MyReader import MyReader
from vgg import vgg_bn_drop
from cnn import convolutional_neural_network


class PaddleUtil:
    def __init__(self):
        # 初始化 PaddlePaddle,只使用 CPU,关闭 GPU
        paddle.init(use_gpu=False, trainer_count=2)
```

接下来，获取模型参数。以下函数可用于输入参数文件路径或者损失函数。如果输入是参数文件路径，就使用之前训练好的模型参数。如果不输入参数文件路径，就使用输入的损失函数生成参数。

```python
def get_parameters(self, parameters_path=None, cost=None):
    if not parameters_path:
        # 使用 cost 创建参数
        if not cost:
            raise NameError('请输入 cost 参数')
        else:
            # 根据损失函数创建参数
            parameters = paddle.parameters.create(cost)
            print "cost"
            return parameters
    else:
        # 使用之前训练好的参数
        try:
            # 使用训练好的参数
            with open(parameters_path, 'r') as f:
                parameters = paddle.parameters.Parameters.from_tar(f)
            print "使用 parameters"
            return parameters
        except Exception as e:
            raise NameError("你的参数文件错误,具体问题是:%s" % e)
```

下面就是获取训练器的函数，获取训练器之后开始训练模型。

```python
# datadim 的大小
def get_trainer(self, datadim, type_size, parameters_path):
    # 获得图片对应的信息标签
    label = paddle.layer.data(name="label",
                        type=paddle.data_type.integer_value(type_size))

    # 获取全连接层,也就是分类器
    out = vgg_bn_drop(datadim=datadim, type_size=type_size)

    # 获得损失函数
    cost = paddle.layer.classification_cost(input=out, label=label)

    # 获得参数
    if not parameters_path:
        parameters = self.get_parameters(cost=cost)
```

```
    else:
        parameters = self.get_parameters(parameters_path=parameters_path)

    # 优化方法
    optimizer = paddle.optimizer.Momentum(
        momentum=0.9,
        regularization=paddle.optimizer.L2Regularization(rate=0.0005 * 128),
        learning_rate=0.0001 / 128,
        learning_rate_decay_a=0.1,
        learning_rate_decay_b=128000 * 35,
        learning_rate_schedule="discexp", )

    trainer = paddle.trainer.SGD(cost=cost,
                                 parameters=parameters,
                                 update_equation=optimizer)
    return trainer
```

下面开始训练，因为本例中把图片设置成灰度图，并且所有数据集的图像本来就非常小，所以相对之前训练 CIFAR 数据集和蔬菜图像来说，本例的训练速度很快。

```
def start_trainer(self, trainer, num_passes, save_parameters_name, trainer_reader,
test_reader):
    # 获得数据
    reader = paddle.batch(reader=paddle.reader.shuffle( reader=trainer_reader,
                                                        buf_size=50000),
                          batch_size=128)
    # 保证保存模型的目录是存在的
    father_path = save_parameters_name[:save_parameters_name.rfind("/")]
    if not os.path.exists(father_path):
        os.makedirs(father_path)

    # 指定每条数据和 padd.layer.data 的对应关系
    feeding = {"image": 0, "label": 1}

    # 定义训练事件处理程序
    def event_handler(event):
        if isinstance(event, paddle.event.EndIteration):
            if event.batch_id % 100 == 0:
                print "\nPass %d, Batch %d, Cost %f, %s" % (
                    event.pass_id, event.batch_id, event.cost, event.metrics)
            else:
                sys.stdout.write('.')
                sys.stdout.flush()
```

```
            # 每一轮训练完成之后
        if isinstance(event, paddle.event.EndPass):
                # 保存训练好的参数
                with open(save_parameters_name, 'w') as f:
                    trainer.save_parameter_to_tar(f)

                # 测试准确率
                result = trainer.test(reader=paddle.batch(reader=test_reader,
                                                        batch_size=128),
                                    feeding=feeding)
                print "\nTest with Pass %d, %s" % (event.pass_id, result.metrics)

    # 开始训练
    trainer.train(reader=reader,
                num_passes=num_passes,
                event_handler=event_handler,
                feeding=feeding)
```

在 main 中调用相应的函数，就可以开始训练了。注意，使用的类别数量是 33，图片大小最好控制在 27 左右。

```
if __name__ == '__main__':
    # 类别总数
    type_size = 33
    # 图片大小
    imageSize = 27
    # 总的分类名称
    all_class_name = 'dst_yanzhengma'
    # 保存的 model 路径
    parameters_path = "../model/model.tar"
    # 数据的大小
    datadim = imageSize * imageSize
    paddleUtil = PaddleUtil()

    myReader = MyReader(imageSize=imageSize)
    # 如果 parameters_path 设置为 None，就使用普通生成参数
    trainer = paddleUtil.get_trainer(datadim=datadim, type_size=type_size,
    parameters_path=parameters_path)
    trainer_reader = myReader.train_reader(train_list="../data/%s/trainer.list"
    % all_class_name)
    test_reader = myReader.test_reader(test_list="../data/%s/test.list" % all_
    class_name)
```

```
paddleUtil.start_trainer(trainer=trainer, num_passes=100, save_parameters_
name=parameters_path, trainer_reader=trainer_reader, test_reader=test_reader)
```

以下是训练输出的日志，可以看到在第 200 轮之后，错误率低于 5%。

```
Pass 198, Batch 0, Cost 0.261694, {'classification_error_evaluator':  0.078125}
.......................................
Test with Pass 198, {'classification_error_evaluator': 0.04244482144713402}

Pass 199, Batch 0, Cost 0.238119, {'classification_error_evaluator':  0.06640625}
.......................................
Test with Pass 199, {'classification_error_evaluator': 0.0492359921336174}
```

本章介绍的是 VGG16 网络神经模型，但我们也可以尝试使用第 3 章介绍的卷积神经网络 LeNet-5。下面可以尝试编写一个名为 cnn.py 的 Python 文件来定义卷积神经网络 LeNet-5。

```python
import paddle.v2 as paddle

# 卷积神经网络 LeNet-5
def convolutional_neural_network(datadim, type_size):
    image = paddle.layer.data(name="image",
                              type=paddle.data_type.dense_vector(datadim))

    # 池化层
    conv_pool_1 = paddle.networks.simple_img_conv_pool(input=image,
                                                       filter_size=5,
                                                       num_filters=20,
                                                       num_channel=1,
                                                       pool_size=2,
                                                       pool_stride=2,
                                                       act=paddle.activation.Relu())
    # 池化层
    conv_pool_2 = paddle.networks.simple_img_conv_pool(input=conv_pool_1,
                                                       filter_size=5,
                                                       num_filters=50,
                                                       num_channel=20,
                                                       pool_size=2,
                                                       pool_stride=2,
```

```
                                          act=paddle.activation.Relu())
    # 以 softmax 为激活函数的全连接输出层
    out = paddle.layer.fc(input=conv_pool_2,
                          size=type_size,
                          act=paddle.activation.Softmax())
    return out
```

如果需要使用 LeNet-5，那么可以把 train.py 中的获取分类器改成如下形式。

```
out = convolutional_neural_network(input=image, type_size=type_size)
```

同时把训练优化方法改成以下方法就可以了。

```
optimizer = paddle.optimizer.Momentum(learning_rate=0.00001 / 128.0,
                                      momentum=0.9,
            regularization=paddle.optimizer.L2Regularization(rate=0.005 * 128))
```

值得注意的是，为了让网络能够收敛，本例中把学习率调整得很低，这里训练的收敛速度会非常慢。如果把学习率设置得比较大，可能导致模型不收敛，那么应该如何修改学习率呢？通常做法是从一个比较大的学习率开始尝试，如果不收敛，那么降低学习率到原来的 1/10，继续试验，直到训练收敛为止。

6.5　使用 PaddlePaddle 预测

创建名为 infer.py 的 Python 文件进行验证码预测，这次预测要做下列事情。

- 因为传进来的是一个完整的验证码，所以首先要对验证码进行裁剪。
- 把裁剪后的 4 张图像传给 PaddlePaddle 进行预测。
- 预测出来的是一个标签值，因此，还要通过标签找到对应的字符，最后得出识别验证码的字符。

6.5.1　裁剪验证码

这里的裁剪与本章前面介绍的裁剪方式是一样的，但是这里裁剪后的图片会存储在临时文件夹中。通过调用 load_and_transform()接口把这个图像数据加载到一个列表中，这个列表就包含了验证码中 4 幅图像的数据。

```
def get_TestData(path, imageSize):
    test_data = []
    img = Image.open(path)
```

118

```
# 切割图片并保存
box1 = (5, 0, 17, 27)
box2 = (17, 0, 29, 27)
box3 = (29, 0, 41, 27)
box4 = (41, 0, 53, 27)
temp = '../images/temp'
img.crop(box1).convert('L').save(temp + '/1.png')
img.crop(box2).convert('L').save(temp + '/2.png')
img.crop(box3).convert('L').save(temp + '/3.png')
img.crop(box4).convert('L').save(temp + '/4.png')
# 把图像加载到预测数据中
test_data.append((paddle.image.load_and_transform(temp + '/1.png',
                                                   int(imageSize * 1.1),
                                                   imageSize,
                                                   False,
                                                   is_color=False)
                 .flatten().astype('float32'),))
test_data.append((paddle.image.load_and_transform(temp + '/2.png',
                                                   int(imageSize * 1.1),
                                                   imageSize,
                                                   False,
                                                   is_color=False)
                 .flatten().astype('float32'),))
test_data.append((paddle.image.load_and_transform(temp + '/3.png',
                                                   int(imageSize * 1.1),
                                                   imageSize,
                                                   False,
                                                   is_color=False)
                 .flatten().astype('float32'),))
test_data.append((paddle.image.load_and_transform(temp + '/4.png',
                                                   int(imageSize * 1.1),
                                                   imageSize,
                                                   False,
                                                   is_color=False)
                 .flatten().astype('float32'),))
return test_data
```

6.5.2　预测图像

　　一起预测 4 个字符，获取预测结果中概率最大的那个标签。这 4 个概率最大的标签对应的就是验证码中 4 个字符的标签。

```
def to_prediction(test_data, parameters, out, all_class_name):
    with open('../data/%s/readme.json' % all_class_name) as f:
        txt = f.read()
    # 获得预测结果
    probs = paddle.infer(output_layer=out,
                         parameters=parameters,
                         input=test_data)
    # 处理预测结果
    lab = np.argsort(-probs)
    # 返回概率最大的值和其对应的概率值
    result = ''
    for i in range(0, lab.__len__()):
        print '第%d张预测结果为:%d,可信度为:%f' % (i + 1, lab[i][0], probs[i][(lab
        [i][0])])
        result = result + lab_to_result(lab[i][0], txt)
    return str(result)
```

6.5.3　标签转成字符

在上一步获取到的是验证码的标签，在生成图像类别的同时，也把标签和标签对应的字符存储在 JSON 文件中。这时就要使用 readme.json。通过下面的函数，找到标签对应的字符。

```
def lab_to_result(lab, json_str):
    myjson = json.loads(json_str)
    class_details = myjson['class_detail']
    for class_detail in class_details:
        if class_detail['class_label'] == lab:
            return class_detail['class_name']
```

通过拼接以上的程序，在 main 入口中调用对应的程序就可以预测验证码了。

```
if __name__ == '__main__':
    # 类别总数
    type_size = 33
    # 图片大小
    imageSize = 32
    # 总的分类名称
    all_class_name = 'dst_yanzhengma'
    # 保存的 model 路径
    parameters_path = "../model/model.tar"
    # 数据的大小
```

```
datadim = imageSize * imageSize

out = get_out(datadim=datadim, type_size=type_size)
parameters = get_parameters(parameters_path=parameters_path)
# 添加数据
test_data = paddleUtil.get_TestData("../images/src_yanzhengma/0a13.png",
imageSize=imageSize)
result = paddleUtil.to_prediction(test_data=test_data,
                                  parameters=parameters,
                                  out=out,
                                  all_class_name=all_class_name)
print '预测结果为:%s' % result
```

最终得到如下预测结果，预测的结果是一个类别标签数字。我们根据这些标签数字及其对应的字符，可以得到最终验证码的字符串。

```
第 1 张预测结果为:0,可信度为:0.966999
第 2 张预测结果为:9,可信度为:0.664706
第 3 张预测结果为:1,可信度为:0.780999
第 4 张预测结果为:3,可信度为:0.959722
预测结果为:0913
```

6.6 小结

在本章中，使用深度学习的方法，识别了正方教务系统的验证码。其中，介绍了如何读取灰度图像的数据，以及如何调整学习率。下一章将会介绍场景文字识别，用于解决自然场景下的问题。

第 7 章　场景文字识别

7.1　引言

场景文字识别到底有什么用呢？在许多场景图像中，包含着丰富的文本信息，它们可以帮助人们认知场景图像的内容及含义，因此场景图像中的文本识别对所在图像的信息获取具有极其重要的作用。同时，场景图像文字识别技术在新领域也开始应用。比如，在自动驾驶场景下，公路上总会有很多路牌和标识，这些路牌及标识通常会有文字说明，可以通过识别这些文字来更好地了解它们的含义，这对自动驾驶是非常重要的。另外，在教学方面的应用场景下，比如老师在黑板上写的笔记，如果使用场景文字识别技术，只要对黑板拍个照，就可以识别黑板中的文字内容，省去了很多抄写笔记的时间。

本章代码参见 GitHub 的 yeyupiaoling 主页里 BookSource 中的 chapter7。测试环境是 Python 2.7 和 PaddlePaddle 0.10.0 (GPU 版本)。

7.2　数据集

场景文字是什么样的呢？下面先来看一下图 7-1。

图 7-1 所示的图像中包含了大量的文字内容，用户要做的事情就是把这些文字识别出来。这张图像来自数据集 SynthText in the Wild Dataset，这个数据集非常大，约为 41GB。为了方便学习，在本项目中并没有使用这个数据集，而是使用 2013 版的更小的 "Task 2.3: Word Recognition" 数据集，这个数据集的训练数据和测试数据总共约为 160MB，相比之下，2013 版的 "Task 2.3: Word Recognition" 数据集小很多，非常适合初学者使用。2013 版的 "Task 2.3: Word Recognition" 数据集的部分图像如图 7-2 所示。

图 7-1　场景文字

图 7-2　2013 版的"Task 2.3: Word Recognition"数据集的部分图像

下面介绍 2013 版的"Task 2.3: Word Recognition"数据集的结构。

训练集是 Training Set Word Images and Ground Truth。其大小为 80MB，包括从原始图像中切出的 848 个单词图像和一个包含训练集所有图像信息的列表文件。该文件中的每行数据表示图像名称和图像文字内容。

测试集包括以下两部分。

- Test Set Word Images：构成单词识别测试集的 1095 张图像，其大小约 81MB。
- Test Set Ground Truth：包含测试集中 1095 张图像信息的列表文件，其大小约为 25KB。该文件中的每行数据表示图像名称和图像文字内容。

7.3　定义神经网络模型

在运行本章中的项目之前，先介绍本章将会使用的神经网络模型。在前几章中，我们一直使用 VGG16 神经网络模型，还介绍了最近比较流行的残差神经网络。相信读者已经很熟悉 VGG 网络模型了，因此本章将要介绍一种新的神经网络模型——CRNN（Convolutional Recurrent Netural Network，卷积循环神经网络）。因为它是 DCNN 和 RNN 的组合，所以该神经网络的作者把它命名为 CRNN。CRNN 的作者在论文中提出了 CRNN 的新特性。对于类序列对象，CRNN 与传统神经网络模型相比具有一些独特的优点。

- 可以直接从序列标签（如单词）学习，不需要详细的标注（如字符）。

- 当直接从图像数据中学习信息表示时，与 DCNN 具有相同的性质，既不需要手工特征，也不需要预处理步骤，包括二值化/分割、组件定位等。

- 具有与 RNN 相同的性质，能够产生一系列标签。

- 对于类序列对象的长度无约束，只需要在训练阶段和测试阶段对高度进行归一化。

- 与现有技术相比，它在场景文本上有更好或更具竞争力的表现。

- 它比标准 DCNN 模型包含的参数要少得多，占用更少的存储空间。

　　下面简单了解一下 CRNN 的架构。CRNN 的架构由 3 部分组成，从底向上包括卷积层、循环层和转录层。如果读者想详细了解 CRNN，可以阅读与 CRNN 相关的论文。CRNN的架构如图 7-3 所示。

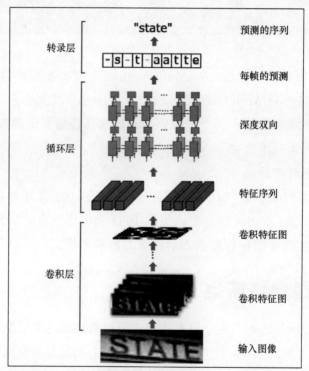

图 7-3　CRNN 的架构

　　通过上面的介绍，相信读者对 CRNN 已经有了初步的了解。接下来将通过代码来分析这个神经网络模型。为此，首先创建一个 network_conf.py 文件来定义网络模型，然后创建一个 Model 类，并在初始化函数中获取类别的数量和图像的形状，通过图像的形状大小，可以计算得到图像的大小。

```python
from paddle import v2 as paddle
from paddle.v2 import layer
from paddle.v2 import evaluator
from paddle.v2.activation import Relu, Linear
from paddle.v2.networks import img_conv_group, simple_gru
from config import ModelConfig as conf


class Model(object):
    def __init__(self, num_classes, shape, is_infer=False):
        self.num_classes = num_classes
        self.shape = shape
        self.is_infer = is_infer
        self.image_vector_size = shape[0] * shape[1]

        self.__declare_input_layers__()
        self.__build_nn__()
```

接着创建__declare_input_layers__()函数来定义输入数据的大小和标签大小。这里在定义数据大小时，与之前有点不一样，因为之前的数据是正方形的，所以不用指定图像的形状，但是因为本章的数据是长方形的，所以需要定义宽度和高度。

```python
def __declare_input_layers__(self):
    # 输入图像为一个浮点向量
    self.image = layer.data(
        name='image',
        type=paddle.data_type.dense_vector(self.image_vector_size),
        height=self.shape[1],
        width=self.shape[0])

    # 将标签输入 ID 列表中
    if not self.is_infer:
        self.label = layer.data(
            name='label',
            type=paddle.data_type.integer_value_sequence(self.num_classes))
```

如上所述，该网络模型一开始是一个卷积层，使用卷积神经网络提取图像特征。通过采用标准 CNN 模型（去除全连接层）中的卷积层和最大池化层来构造卷积层的组件，这样的组件用于从输入图像中提取序列特征表示。

```
def conv_groups(self, input, num, with_bn):
    assert num % 4 == 0

    filter_num_list = conf.filter_num_list
    is_input_image = True
    tmp = input

    for num_filter in filter_num_list:
        # 因为是灰度图，所以 num_channels 参数是 1
        if is_input_image:
            num_channels = 1
            is_input_image = False
        else:
            num_channels = None

        tmp = img_conv_group(
            input=tmp,
            num_channels=num_channels,
            conv_padding=conf.conv_padding,
            conv_num_filter=[num_filter] * (num / 4),
            conv_filter_size=conf.conv_filter_size,
            conv_act=Relu(),
            conv_with_batchnorm=with_bn,
            pool_size=conf.pool_size,
            pool_stride=conf.pool_stride, )
    return tmp
```

　　然后从卷积层组件产生的特征图中提取特征向量序列，以这些特征向量序列作为循环层的输入。具体来说，特征序列的每一个特征向量在特征图上按列从左到右生成。

```
# 通过 CNN 获取图像特征
conv_features = self.conv_groups(self.image, conf.filter_num,
                                 conf.with_bn)

# 将 CNN 的输出展开成一系列特征向量
sliced_feature = layer.block_expand(
    input=conv_features,
    num_channels=conf.num_channels,
    stride_x=conf.stride_x,
    stride_y=conf.stride_y,
    block_x=conf.block_x,
    block_y=conf.block_y)
```

　　然后在卷积层的顶部建立一个深度双向循环神经网络，作为循环层。循环层有以下优点。

- RNN 具有很强的、捕获序列内上下文信息的能力。对于基于图像的序列识别，使用上下文提示比独立处理每个符号更稳定且更有帮助。
- RNN 可以将误差值反向传播到其输入，即卷积层，从而允许在同一个网络中同时训练循环层和卷积层。
- RNN 能够从头到尾对任意长度的序列进行操作。

下面就是一个循环层的定义。

```
# 使用 RNN 向前和向后捕获序列信息
gru_forward = simple_gru(
    input=sliced_feature, size=conf.hidden_size, act=Relu())
gru_backward = simple_gru(
    input=sliced_feature,
    size=conf.hidden_size,
    act=Relu(),
    reverse=True)

# 将 RNN 的输出映射到字符分布
self.output = layer.fc(input=[gru_forward, gru_backward],
                       size=self.num_classes + 1,
                       act=Linear())

self.log_probs = paddle.layer.mixed(
    input=paddle.layer.identity_projection(input=self.output),
    act=paddle.activation.Softmax())
```

　　接着通过 Warp-CTC 获取损失函数。Warp-CTC 是一个可以应用在 CPU 和 GPU 上并高效并行的 CTC 代码库，CTC 可以用来训练端对端的语音识别系统。最后获取评估器，这个会在后面介绍。

```
if not self.is_infer:
    self.cost = layer.warp_ctc(
        input=self.output,
        label=self.label,
        size=self.num_classes + 1,
        norm_by_times=conf.norm_by_times,
        blank=self.num_classes)

    self.eval = evaluator.ctc_error(input=self.output, label=self.label)
```

关于 CRNN 模型就介绍到这里，本节只是简单介绍，并没有深入展开，如果读者想进一步了解，不妨下载相关论文仔细阅读。接下来就要开始训练模型了。

7.4　数据的读取

在读取数据之前，用户应该先下载相关数据集。从上面的介绍来看，官方"Task 2.3: Word Recognition"数据集给出的数据读取列表有两个。一个是训练数据的图像列表 gt.txt，另一个是测试数据的图像列表 Challenge2_Test_Task3_GT.txt。这两个文件的格式如下。

```
word_1.png, "Tiredness"
word_2.png, "kills"
word_3.png, "A"
word_4.png, "short"
word_5.png, "break"
word_6.png, "could"
```

7.4.1　读取图像列表

通过上文的介绍，是不是发现这种图像类别与我们之前使用的图像类别比较相似呢？拿第一条数据来说，与之前不一样的是，前面的"word_1.png"是图像的路径和名称，而不是相对于训练代码的路径。当要使用数据进行训练的时候，只要拼接相对训练代码的路径和图像的名称就可以了，这样的结构也许更灵活一些。后面的"Tiredness"是图像包含的文字内容，在前两章的图像列表中，后面的是图像的类别标签，而在这里是图像的内容。当然，前后之间是使用英文逗号和空格分开的，而之前使用的是利用制表符分开的。

基于这个图像列表的格式，编写一个工具类来读取这些数据信息。这次并没有使用之前的方法读取数据，之前的流程是先把数据和标签读取成一个 reader()，然后调用 xmap_readers()接口，接着把这个 reader 映射到 train_mapper()函数，并在函数中分别调用 load_image()接口和 simple_transform()，最后获得图像的向量数据。建议读者回顾一下之前读取数据的流程和调用的接口。

现在我们是这样操作的，首先创建一个 utils.py 文件来编写下面的函数，后续的一些工具函数也可以在这个 utils.py 文件中编写。因为 get_file_list()函数把列表文件里面的数据列表读取成列表数据，所以列表数据中的每一个列表项包含图像路径和该图像的文本标签。

```
def get_file_list(image_file_list):
    '''
    生成用于训练和测试数据的列表文件
    :param image_file_list: 图像文件和列表文件的路径
    :type image_file_list: str
    '''
    dirname = os.path.dirname(image_file_list)
    path_list = []
    with open(image_file_list) as f:
        for line in f:
            line_split = line.strip().split(',', 1)
            filename = line_split[0].strip()
            path = os.path.join(dirname, filename)
            label = line_split[1][2:-1].strip()
            if label:
                path_list.append((path, label))

    return path_list
```

然后在 train.py 中调用 get_file_list()函数。

```
# 获取训练列表
train_file_list = get_file_list(train_file_list_path)
# 获取测试列表
test_file_list = get_file_list(test_file_list_path)
```

通过上面的读取之后，列表格式如下，与图像列表文件不一样的是，它的路径已经是相对路径，而不是单纯的图像文件名。

```
('../data/train_data/word_1026.png', 'Accommodation'),
('../data/train_data/word_1027.png', 'Office'),
```

7.4.2　生成标签字典

在这里读者可能会有疑问，之前的 label 都是整数字，在这里可以使用字符串吗？当然，不可以，还需要将字符串转换成整数。下面就开始完成这方面的工作。

下面在 utils.py 中编写 build_label_dict()函数，该函数的功能是统计训练数据中字符出现的次数，并以出现次数从多到少排序。生成标签字典的代码如下。使用的列表数据就是上面通过图像列表获得的列表数据。

```
def build_label_dict(file_list, save_path):
    """
```

```
    从训练数据建立标签字典
    :param file_list: 包含标签的训练数据列表
    :type file_list: list
    :params save_path: 保存标签字典的路径
    :type save_path: str
    """
    values = defaultdict(int)
    for path, label in file_list:
        for c in label:
            if c:
                values[c] += 1

    values['<unk>'] = 0
    with open(save_path, "w") as f:
        for v, count in sorted(
                values.iteritems(), key=lambda x: x[1], reverse=True):
            f.write("%s\t%d\n" % (v, count))
```

接着在 train.py 中调用 build_label_dict()函数，通过指定数据和列表就可以生成一个标签字典文件了。

```
# 调用 get_file_list()函数获得的列表
train_file_list = get_file_list(train_file_list_path)
label_dict_path = '../data/label_dict.txt'
# 生成标签字典文件
build_label_dict(train_file_list, label_dict_path)
```

在标签字典文件中每一行都有一个字符，每一个字符后面是这个字符在训练数据中出现的次数，中间用制表符隔开。

```
e    286
E    257
a    199
S    189
n    185
```

在生成了标签字典之后，那些出现的次数并不是我们想要的标签，我们使用整数标签标记这些字符，并且标签是从 0 开始标记的，因此还要对标签字典进行处理。在标签字典中，因为全部字符都是按照顺序排列的，所以可以根据排列顺序标记它们的标签，代码如下。

```python
def load_dict(dict_path):
    """
    从字典路径加载标签字典
    :param dict_path: 标签字典的路径
    :type dict_path: str
    """
    return dict((line.strip().split("\t")[0], idx)
            for idx, line in enumerate(open(dict_path, "r").readlines()))
```

通过 load_dict()函数处理之后，获得的部分标签字典如下。这是一个 Python 字典，其中冒号前是字符，冒号后是字符的标签。

```
{'!': 55, '"': 71, "'": 56, '&': 65, ')': 60, '(': 61, '-': 53,
',': 66, '/': 67, '.': 35, '1': 38, '0': 37, '3': 49, '2': 33, '5': 52,
'4': 47, '7': 58, '6': 59, '9': 68, '8': 54, ':': 62, '?': 70, '>': 72,
'A': 6, '@': 73, 'C': 17, 'B': 34, 'E': 1, 'D': 19, 'G': 24, 'F': 28}
```

7.4.3 读取训练数据

如上所述，对于训练数据要生成一个 reader，因此下面就创建一个 reader.py 文件。

首先，创建 DataGenerator 类。然后，创建一个初始化函数__init__()，通过这个函数获得数据字典和图像的形状。为什么要获得图像的形状呢？因为这个图像形状是训练图像的形状，不是真实的图像形状。

```python
import os
import cv2
from paddle.v2.image import load_image


class DataGenerator(object):
    def __init__(self, char_dict, image_shape):
        self.image_shape = image_shape
        self.char_dict = char_dict
```

在前几章中，在读取数据时对于图像路径和标签生成一个 reader()，然后通过 xmap_readers()来映射一个图像处理函数，把图像转换成一维向量。本例可以不用映射，直接通过调用 load_image()函数来处理图像。

```python
def train_reader(self, file_list):
    '''
    训练读取数据
```

```
    :param file_list: 用于训练的图像列表，包含标签和图像路径
    :type file_list: list
    '''
    def reader():
        UNK_ID = self.char_dict['<unk>']
        for image_path, label in file_list:
            label = [self.char_dict.get(c, UNK_ID) for c in label]
            yield self.load_image(image_path), label
    return reader
```

因为在之前一张图像只有一个类别，所以一张图像只有一个列表。然而，由于本章的示例里一张图像中会有多个字符，因此一张图像会有多个列表。也就是说，一张图像会有多个标签，如下所示。

```
字符: Registered
对应的标签: [7, 0, 36, 8, 11, 12, 0, 10, 0, 23]
```

上面提到需要根据图像的路径把图像转换成一维向量，这要使用 load_ image()函数。首先，通过调用 PaddlePaddle 的接口 paddle.v2.image.load_image()读取图像。然后，使用 OpenCV 的函数 cv2.cvtColor()把图像灰度化，因为图像是否是彩色图像对文字识别的作用不大。如果把图像从三通道变成单通道，那么可以减少计算量。

接下来，把图像调整为统一的固定大小，这里训练的图像都是统一大小的。之前的图像是正方形的，而在本章中使用的是长方形的，因此需要通过调用 cv2.resize()函数改变图像的大小，其中的 image_shape 属性可以在初始化方法中获得图像大小。

最后，把图像数据从二维向量转换成一维向量，因为直接处理多维向量会非常复杂，通常要把这些数据降维，既方便计算，又方便可视化。

```
def load_image(self, path):
    '''
    加载图像并将它转换为一维向量
    :param path: 图像数据的路径
    :type path: str
    '''
    image = load_image(path)
    # 使图像灰度化
    image = cv2.cvtColor(image, cv2.COLOR_BGR2GRAY)

    # 将所有图像调整为固定大小
    if self.image_shape:
        image = cv2.resize(
```

```
        image, self.image_shape, interpolation=cv2.INTER_CUBIC)

image = image.flatten() / 255.
return image
```

7.5 训练模型

训练模型需要准备 4 个参数——cost、parameters、update_equation 和 extra_layers。下面就开始准备这些参数。

7.5.1 训练准备

使用同样的方式，在训练之前先获取训练器。首先，使用 cost 来生成训练参数，这个 cost 是从 CRNN 中获取的。

```
# 创建训练参数
params = paddle.parameters.create(model.cost)
```

然后，创建一个优化方法。

```
# 创建优化方法
optimizer = paddle.optimizer.Momentum(
    momentum=0.9,
    regularization=paddle.optimizer.L2Regularization(rate=0.0005 * 128),
    learning_rate=0.001 / 128,
    learning_rate_decay_a=0.1,
    learning_rate_decay_b=128000 * 35,
    learning_rate_schedule="discexp", )
```

这样就获取了上述 4 个参数，即 cost、parameters、update_equation 和 extra_layers。接下来，可以创建一个训练器。

如何获取训练器，读者应该很熟悉了，但是这里还要补充一点。之前我们通过调用 PaddlePaddle 的接口 paddle.v2.trainer.SGD，并传入 3 个参数就可以生成一个训练器。然而，现在有点不一样，这里传入的是 4 个参数，多了一个 extra_layers。它用于传入一个评估器，通过传入这个评估器，在训练的时候就可以输出这个模型当前的训练情况。

```
trainer = paddle.trainer.SGD(cost=model.cost,
                             parameters=params,
                             update_equation=optimizer,
                             extra_layers=model.eval)
```

下面是评估器输出的日志信息。

```
{'__ctc_error_evaluator_0__.error': 0.7707961201667786,
'__ctc_error_evaluator_0__.insertion_error': 0.0,
'__ctc_error_evaluator_0__.substitution_error': 0.32274308800697327,
'__ctc_error_evaluator_0__.sequence_error': 0.796875,
'__ctc_error_evaluator_0__.deletion_error': 0.4480530619621277}
```

在训练的时候，训练数据和测试数据的获取是在 train.py 下完成的。通过调用刚才编写的 train_reader()函数就可以获取训练数据了。对于测试数据的获取，也是一样的。其中使用的 paddle.v2.reader.shuffle 接口把数据读到缓存中，这样可以加快之后的读取速度。然后，使用 paddle.v2.batch 接口读取批数据并进行训练。

```
reader=paddle.batch(
        paddle.reader.shuffle(
            data_generator.train_reader(train_file_list),
            buf_size=conf.buf_size),
        batch_size=conf.batch_size)
```

最后，在调用 trainer.train 训练的时候，把获得的 reader 传给训练器就可以了。

```
# 开始训练
trainer.train(reader=reader,
        feeding=feeding,
        event_handler=event_handler,
        num_passes=conf.num_passes)
```

注意，由 PaddlePaddle 官方文档可知，由于模型依赖的 Warp CTC 只有 CUDA 的实现，也就是说，本模型只支持 GPU 运行，因此读者要在自己的计算机安装 paddlepaddle-gpu。当然，读者的计算机必须支持 GPU。如果不支持，就需要使用云服务器来训练模型。作者使用的是百度深度学习 GPU 集群，它的好处就是使用的服务器已经安装了 PaddlePaddle，并且一些常用的依赖库和显卡驱动都安装好了，无须我们再安装了，节省了很多时间。因为使用了服务器，所以这里要确认一下具体的环境。

使用命令 cat /usr/local/cuda/version.txt 查看 CUDA 的版本，输出如下。

```
CUDA Version 8.0.61
```

使用 cat /usr/local/cuda/include/cudnn.h | grep CUDNN_MAJOR -A 查看 CUDNN 版本，输出如下。

```
#define CUDNN_MAJOR        5
#define CUDNN_MINOR        1
#define CUDNN_PATCHLEVEL 10
--
#define CUDNN_VERSION (CUDNN_MAJOR * 1000 + CUDNN_MINOR * 100 + CUDNN_PATCHLEVEL)

#include "driver_types.h"
```

但在使用这个 GPU 集群的时候，出现了找不到 libwarpctc.so 这个库的错误，报错信息如下。

```
F0509 13:11:24.265087 26614 DynamicLoader.cpp:104] Check failed:
nullptr != *dso_handle Failed to find dynamic library: libwarpctc.so
(libwarpctc.so: cannot open shared object file: No such file or directory)
Please specify its path correctly using following ways:
Method. set environment variable LD_LIBRARY_PATH on Linux or
DYLD_LIBRARY_PATH on Mac OS.
For instance, issue command: export LD_LIBRARY_PATH=...
Note: After Mac OS 10.11, using the DYLD_LIBRARY_PATH is
impossible unless System Integrity Protection (SIP) is disabled.
```

因此，此时需要自己动手安装该库。如果没有报出该错误，那么可以忽略下一节中安装 libwarpctc.so 库的操作。

7.5.2　安装 libwarpctc.so 库

先从 GitHub 上获取 warp-ctc 源码。

```
git clone https://GitHub 官方网站/baidu-research/warp-ctc.git
cd warp-ctc
```

为之后的编译创建 build 目录。

```
mkdir build
cd build
```

因为服务器上默认是没有安装 cmake 的，所以要先安装 cmake。

```
apt install cmake
```

安装完 cmake 之后就可以开始编译了。注意，这里的编译使用了 6 个线程，这样会快一点，读者可以根据自己计算机的硬件环境选择线程数量。

```
cmake ../
make -j6
```

编译完成之后，就生成了一个 libwarpctc.so，这就是我们需要的库。执行以下命令，将它复制到相应的目录中。

```
cp libwarpctc.so /usr/lib/x86_64-linux-gnu/
```

最后测试一下是否正常。

```
./test_gpu
```

这仅是安装 Warp CTC 的一种方法，如果读者有更好的安装方式，也可以选择使用。

7.5.3　开始训练

我们需要使用 4 个参数来生成一个训练器。到目前为止，我们只获取了一个 reader 参数，还有另外 3 个参数—— feeding、event_handler 和 num_passes。首先，定义数据层之间的关系。

```
# 说明数据层之间的关系
feeding = {'image': 0, 'label': 1}
```

然后，定义训练事件，让它在训练的过程中输出日志信息，以便观察模型的收敛情况。

```
# 训练事件
def event_handler(event):
    if isinstance(event, paddle.event.EndIteration):
        if event.batch_id % conf.log_period == 0:
            print("Pass %d, batch %d, Samples %d, Cost %f" %
                    (event.pass_id, event.batch_id, event.batch_id *
                     conf.batch_size, event.cost))

    if isinstance(event, paddle.event.EndPass):
        # 这里由于训练和测试数据共享相同的格式，
        # 因此仍然使用 reader.train_reader 来读取测试数据
        result = trainer.test(
            reader=paddle.batch(
                data_generator.train_reader(test_file_list),
                batch_size=conf.batch_size),
            feeding=feeding)
        print("Test %d, Cost %f" % (event.pass_id, result.cost))
        with gzip.open(
                os.path.join(model_save_dir, "params_pass.tar.gz"), "w") as f:
            trainer.save_parameter_to_tar(f)
```

　　训练轮数是从 config.py 中获取的，这里定义训练和模型的各种参数，读者可以在这里修改相应的参数，如 batch_size 等。

```
num_passes=conf.num_passes
```

　　在训练之前还要初始化 PaddlePaddle。

```
# 初始化 PaddlePaddle
paddle.init(use_gpu=conf.use_gpu, trainer_count=conf.trainer_count)
```

　　最后，在 train.py 中执行 main 函就可以开始训练模型了。

```
if __name__ == "__main__":
    # 训练列表的的路径
    train_file_list_path = '../data/train_data/gt.txt'
    # 测试列表的路径
    test_file_list_path = '../data/test_data/Challenge2_Test_Task3_GT.txt'
    # 标签字典的路径
    label_dict_path = '../data/label_dict.txt'
    # 保存模型的路径
    model_save_dir = '../models'
    train(train_file_list_path, test_file_list_path, label_dict_path, model_save_dir)
```

　　在训练的过程中，会输出如下日志信息。

```
Pass 513, batch 0, Samples 0, Cost 4.869649
Pass 513, batch 50, Samples 500, Cost 4.130928
Pass 513, batch 100, Samples 1000, Cost 5.834244
Test 513, Cost 13.443204
Pass 514, batch 0, Samples 0, Cost 8.111001
Pass 514, batch 50, Samples 500, Cost 7.233525
Pass 514, batch 100, Samples 1000, Cost 5.806968
Test 514, Cost 13.429477
```

7.6　开始预测

　　通过之前的训练，保存了模型参数文件，下面就可以使用这些参数进行预测了。

```
def infer(model_path, image_shape, label_dict_path, infer_file_list_path):

    infer_file_list = get_file_list(infer_file_list_path)
    # 获取标签字典
```

```
char_dict = load_dict(label_dict_path)
# 获取反转的标签字典
reversed_char_dict = load_reverse_dict(label_dict_path)
# 获取字典大小
dict_size = len(char_dict)
# 获取 reader
data_generator = DataGenerator(char_dict=char_dict, image_shape=image_shape)
# 初始化 PaddlePaddle
paddle.init(use_gpu=True, trainer_count=2)
# 加载训练好的参数
parameters = paddle.parameters.Parameters.from_tar(gzip.open(model_path))
# 获取网络模型
model = Model(dict_size, image_shape, is_infer=True)
# 获取预测器
inferer = paddle.inference.Inference(output_layer=model.log_probs, parameters=
parameters)
# 开始预测
test_batch = []
labels = []
for i, (image, label) in enumerate(data_generator.infer_reader( infer_file_list)()):
    test_batch.append([image])
    labels.append(label)
infer_batch(inferer, test_batch, labels, reversed_char_dict)
```

上面使用的反转的标签字典 load_reverse_dict()函数的定义如下。该函数是 utils.py 中最后一个工具函数，通过标签字典的文件即可生成反转的标签字典。

```
def load_reverse_dict(dict_path):
    """
    从字典路径加载反转的标签字典
    :param dict_path: 标签字典的路径
    :type dict_path: str
    """
    return dict((idx, line.strip().split("\t")[0])
            for idx, line in enumerate(open(dict_path, "r").readlines()))
```

通过传入上面获取的 inferer 和图像的一维向量，以及反转的标签字典，就可以进行预测了。

```
def infer_batch(inferer, test_batch, labels, reversed_char_dict):
    # 获取初步预测结果
    infer_results = inferer.infer(input=test_batch)
    num_steps = len(infer_results) // len(test_batch)
```

```
    probs_split = [
        infer_results[i * num_steps:(i + 1) * num_steps]
        for i in xrange(0, len(test_batch))
    ]
    results = []
    # 最佳路径解码
    for i, probs in enumerate(probs_split):
        output_transcription = ctc_greedy_decoder(
            probs_seq=probs, vocabulary=reversed_char_dict)
        results.append(output_transcription)
    # 输出预测结果
    for result, label in zip(results, labels):
        print("\n 预测结果: %s\n 实际文字: %s" %(result, label))
```

　　获取预测结果之后使用 CTC 贪心算法进行最佳路径解码。使用概率最大的令牌解码路径，从而在之后删除连续的索引和所有的空白索引，解码器如下。

```
def ctc_greedy_decoder(probs_seq, vocabulary):
    # 尺寸验证
    for probs in probs_seq:
        if not len(probs) == len(vocabulary) + 1:
            raise ValueError("probs_seq dimension mismatchedd with vocabulary")
    # 使用 argmax 获得每个时间步长的最佳指标
    max_index_list = list(np.array(probs_seq).argmax(axis=1))
    # 删除连续的重复索引
    index_list = [index_group[0] for index_group in groupby(max_index_list)]
    # 删除空白索引
    blank_index = len(vocabulary)
    index_list = [index for index in index_list if index != blank_index]
    # 将索引列表转换为字符串
    return ''.join([vocabulary[index] for index in index_list])
```

　　最后，在 main 方法中直接运行预测程序就可以了。

```
if __name__ == "__main__":
    # 要预测的图像
    infer_file_list_path = '../data/test_data/Challenge2_Test_Task3_GT.txt'
    # 模型的路径
    model_path = '../models/params_pass.tar.gz'
    # 图像的大小
    image_shape = (173, 46)
    # 标签的路径
    label_dict_path = '../data/label_dict.txt'
```

```
# 开始预测
infer(model_path, image_shape, label_dict_path, infer_file_list_path)
```

预测结果如下。

```
预测结果：SON
实际文字：SONY

预测结果：cieaite
实际文字：create

预测结果：Poisore
实际文字：Professional

预测结果：Gssues
实际文字：Issues

预测结果：Series
实际文字：Services
```

从预测结果来看，模型效果并不是很理想，准确率不是很高。因为这个数据量并不是很大，也很容易出现过拟合现象，在这里加上正则表达式之后效果好了很多，但是过拟合的情况还是存在。读者可以尝试在 config.py 文件中修改网络模型和训练器的配置，尝试使模型收敛得更好，也可以选择更大的数据来解决过拟合问题。

7.7 小结

本章介绍了一种新的神经网络模型 CRNN，并通过使用这个神经网络模型，完成了文字识别的任务。2013 版的"Task 2.3: Word Recognition"数据集比较简单，可以通过它来学习如何使用 CRNN 训练自然场景文字。同时，本章中首次使用了 GPU 服务器来训练代码。使用云服务器训练模型虽然简单，但是如果长期使用 GPU 服务器，可能会有点不划算，这就需要读者购买显卡，在本地搭建一个 GPU 环境，这项工作可能不简单。本章的示例还展示了过拟合的情况，可以尝试通过在优化方法上添加正则等，缓解过拟合的情况。更重要的是，本章还介绍了端到端的思想，即从输入经过网络直接得到结果，无须再做其他的处理。比如，对于第 6 章中的验证码识别，还要对验证码进行分割，这不仅比较麻烦，还会有错误的累积，从而降低了识别准确率。在下一章中，将会使用第 6 章的验证码数据集，并且使用本章的模型来实现验证码端到端的识别。

第 8 章　验证码端到端的识别

8.1　引言

第 6 章已经介绍了验证码的识别，使用的是传统的验证码分割，通过对每张图像进行分割，然后通过图像分类的方法来实现验证码的识别。这种方法比较复杂，工作量比较大。另外，虽然这样的方法可以满足我们的需求，但是准确率不是很高，而且这种分割方式也会造成错误的累积。比如，单张图像的识别率是 90%，这已经是比较高的识别率了，但是分割后整体的识别准确率为 $0.9 \times 0.9 \times 0.9 \times 0.9 \times 100\% = 65.61\%$，这种错误的累积会大大影响识别的准确率。上一章介绍了 CRNN 模型，通过这个模型实现了场景文字识别中端到端的识别，本章将会介绍如何使用 CRNN 模型实现验证码端到端的识别，从而直接一步到位，没有那么多步骤，同时还避免了错误的累积。

本章代码参见 GitHub 的 yeyupiaoling 主页里 BookSource 中的 chapter8。测试环境是 Python 2.7 和 PaddlePaddle 0.10.0（GPU 版本）。

8.2　数据集

在本章中使用的验证码同样是正方教务系统的登录验证码，该数据集在第 6 章已有介绍，这里不再讲述。注意，这套验证码去掉了容易混淆的 9、o 和 z，只剩下了 33 个类别。

下载验证码和修改验证码同样在第 6 章有介绍，此处也不再讲述。在第 6 章中，编写了一个下载验证码的程序 DownloadYanZhengMa.py，通过这个程序下载了大量的验证码。之后，还将每一张验证码图像命名为其对应的验证码内容。比如，如果验证码的内容是 rql0，就把这张图像命名为 rql0。在本章中，这些命名好的验证码将要存放在

data/data_temp 目录中。

验证码有了，还缺少图像列表。训练和测试都需要一个图像列表。在下面的步骤中，将会创建两个列表，它们与第 7 章中提到的图像列表文件一样。

在生成列表文件之前，还会对图像做一些处理，就是使图像灰度化。之前提到过，因为图像是否为彩色图像对文字识别的作用不大，如果把图像从 3 通道变成单通道，反而可以减少很多计算量。在数据集非常庞大的情况下，这种减少计算量的做法就显得尤为重要了。

注意，在此之前应该命名图像文件，文件名为验证码对应的字符，并把所有的验证码放在 data/data_temp 中，然后编写 Image2GRAY.py 程序并进行批处理。

```python
import os
from PIL import Image

def Image2GRAY(path):
    # 获取临时文件夹中的所有图像路径
    imgs = os.listdir(path)
    i = 0
    for img in imgs:
        # 从 10 个数据中取一个作为测试数据，从剩下的作为训练数据
        if i % 10 == 0:
            # 使图像灰度化并保存
            im = Image.open(path + '/' + img).convert('L')
            im.save('data/test_data/' + img)
        else:
            # 使图像灰度化并保存
            im = Image.open(path + '/' + img).convert('L')
            im.save('data/train_data/' + img)
        i = i + 1

if __name__ == '__main__':
    # 临时数据存放路径
    path = 'data/data_temp'
    Image2GRAY(path)
```

上面的程序不仅把图像转成灰度图，同时还将一个数据集按照 9:1 的比例分为训练集和测试集。分成了这两部分后，就可以根据这两部分来生成对应的图像列表文件了。

8.3 生成图像列表文件

经过上面的步骤，在 data/train_data 中就有了训练数据集，在 data/test_ data 中就有了测试数据集。接下来，就在这两个文件夹下生成对应的图像列表。为此，首先需要了解图像列表的格式要求。下面看看它的格式。

```
10iw.png    10iw
218j.png    218j
28hi.png    28hi
3n1g.png    3n1g
47q7.png    47q7
4ju5.png    4ju5
4uqh.png    4uqh
```

这个图像类别是以制表符分隔路径和标签的。在了解了图像列表文件的格式要求之后，下面就编写一个 CreateDataList.py 程序来生成一个满足上述格式要求的图像列表文件。相应的代码如下。

```python
import os

class CreateDataList:
    def __init__(self):
        pass

    def createDataList(self, data_path, isTrain):
        # 判断生成的列表是训练图像列表还是测试图像列表
        if isTrain:
            list_name = 'trainer.list'
        else:
            list_name = 'test.list'
        list_path = os.path.join(data_path, list_name)
        # 判断该列表是否存在，如果存在就删除，避免在生成图像列表时把该路径也写进去
        if os.path.exists(list_path):
            os.remove(list_path)
        # 读取所有的图像路径，此时图像列表不存在，因此就不用担心写入非图像文件的路径了
        imgs = os.listdir(data_path)
        for img in imgs:
            name = img.split('.')[0]
            with open(list_path, 'a') as f:
```

```
                   # 写入图像路径和标签，用制表符隔开
                   f.write(img + '\t' + name + '\n')

if __name__ == '__main__':
    createDataList = CreateDataList()
    # 生成训练图像列表
    createDataList.createDataList('data/train_data/', True)
    # 生成测试图像列表
    createDataList.createDataList('data/test_data/', False)
```

通过上面的程序，会在 data/train_data 中生成图像列表 trainer.list，并在 data/test_data 中生成图像列表 test.list。到这里，数据集已经准备好了。接下来，准备开始训练数据集。

8.4　数据的读取

本节介绍验证码数据的读取，它的操作与上一章中介绍的数据读取的操作差不多。

8.4.1　读取数据并存储成列表

数据列表文件已经有了，但是每次使用其中的数据时，都要对文件进行读取，因此生成一个方便读取的数据格式是一种不错的选择。本例中把图像的路径和标签存储进一个列表。读取方式如下。

```
def get_file_list(image_file_list):
    '''
    生成用于训练和测试数据的文件列表
    :param image_file_list: 图像文件和列表文件的路径
    :type image_file_list: str
    '''
    dirname = os.path.dirname(image_file_list)
    path_list = []
    with open(image_file_list) as f:
        for line in f:
            # 使用制表符分隔路径和标签
            line_split = line.strip().split('\t')
            filename = line_split[0].strip()
            path = os.path.join(dirname, filename)
            label = line_split[1].strip()
            if label:
                path_list.append((path, label))

    return path_list
```

有了这个程序，就可以轻松获取训练数据和测试数据的列表了，代码如下。

```
# 获取训练列表
train_file_list = get_file_list(train_file_list_path)
# 获取测试列表
test_file_list = get_file_list(test_file_list_path)
```

8.4.2 生成和读取标签字典

在获取了图像的路径和标签后，接下来就开始生成一个标签字典。这个标签字典是训练数据集中出现的字符，正常情况下是 33 个字符和一个结束符号<unk>。以下是标签字典的一小部分。

```
r    81
4    77
h    75
i    74
2    72
```

下面要编写程序用于从训练数据集的列表中获取所有字符，并生成一个标签字典。

```python
def build_label_dict(file_list, save_path):
    """
    从训练数据建立标签字典
    :param file_list: 包含标签的训练数据列表
    :type file_list: list
    :params save_path: 保存标签字典的路径
    :type save_path: str
    """
    values = defaultdict(int)
    for path, label in file_list:
        for c in label:
            if c:
                values[c] += 1

    values['<unk>'] = 0
    with open(save_path, "w") as f:
        for v, count in sorted(
                values.iteritems(), key=lambda x: x[1], reverse=True):
            f.write("%s\t%d\n" % (v, count))
```

然后，只要传入在上一步读取的 train_file_list 和保存标签字典的路径，就可以生成标签字典了。

```
build_label_dict(train_file_list, label_dict_path)
```

在保存标签字典之后，还要使用这个字典，因此还要编写一个程序来读取标签字典，代码如下。

```python
def load_dict(dict_path):
    """
    从字典路径加载标签字典
    :param dict_path: 标签字典的路径
    :type dict_path: str
    """
    return dict((line.strip().split("\t")[0], idx)
            for idx, line in enumerate(open(dict_path, "r").readlines()))
```

以后使用通过标签字典传入的路径，就可以读取标签字典内容了，代码如下。

```python
# 获取标签字典
char_dict = load_dict(label_dict_path)
```

8.4.3 读取训练和测试的数据

上一章也介绍了读取图像数据的工具 reader.py。通过这个工具可以把图像转换成一维向量，还根据标签字典的符号顺序为每张图像都给定一个标签。在本章中，这个读取工具有点不一样，它没有使用 cv2.cvtColor(image,cv2.COLOR_ BGR2GRAY)函数。因为这个函数的作用是把彩色图转换成灰度图，但是在分配训练数据和测试数据的时候，就已经把图像转换成灰度图了，所以这里就不用处理了。

```python
import cv2
import paddle.v2 as paddle


class Reader(object):
    def __init__(self, char_dict, image_shape):
        self.image_shape = image_shape
        self.char_dict = char_dict

    def train_reader(self, file_list):
        def reader():
            UNK_ID = self.char_dict['<unk>']
            for image_path, label in file_list:
                label = [self.char_dict.get(c, UNK_ID) for c in label]
```

```
            yield self.load_image(image_path), label
    return reader

def load_image(self, path):
    image = paddle.image.load_image(path,is_color=False)
    # 将所有图像调整为固定形状
    if self.image_shape:
        image = cv2.resize(
            image, self.image_shape, interpolation=cv2.INTER_CUBIC)
    image = image.flatten() / 255.
    return image
```

下面通过传入标签字典和图像的形状（宽度与高度）获取 reader。

```
my_reader = Reader(char_dict=char_dict, image_shape=IMAGE_SHAPE)
```

接下来，通过执行下面的方法，同时传入训练集的列表 train_file_list，以及测试集的列表 test_file_list，就可以生成 reader 了。

```
# 获取测试数据的 reader
test_reader = paddle.batch(
    my_reader.train_reader(test_file_list),
    batch_size=BATCH_SIZE)

# 获取训练数据的 reader
train_reader = paddle.batch(
    paddle.reader.shuffle(
        my_reader.train_reader(train_file_list),
        buf_size=1000),
    batch_size=BATCH_SIZE)
```

8.5　定义网络模型

本例使用的这个 CRNN 模型在上一章有详细介绍。如果读者想深入学习 CRNN 模型，那么可以阅读该模型的相关论文，其实该模型在实际项目中经常使用。CRNN 模型不是单纯的 CNN 模型，还结合了 RNN 来映射字符的分布并使用 CTC 算法计算训练的损失值。

要创建一个 network_conf.py 文件来定义神经网络模型，首先可以定义网络的以下基本信息，如类别数量和输入数据的大小。

```
class Model(object):
    def __init__(self, num_classes, shape, is_infer=False):
```

```
            self.num_classes = num_classes
            self.shape = shape
            self.is_infer = is_infer
            self.image_vector_size = shape[0] * shape[1]

            self.__declare_input_layers__()
            self.__build_nn__()

    def __declare_input_layers__(self):
        # 图像输入为一个浮点向量
        self.image = paddle.layer.data(
            name='image',
            type=paddle.data_type.dense_vector(self.image_vector_size),
            # shape 是宽度和高度
            height=self.shape[1],
            width=self.shape[0])

        # 将 ID 列表输入到标签层中
        if not self.is_infer:
            self.label = paddle.layer.data(
                name='label',
        type=paddle.data_type.integer_value_sequence(self.num_classes))
```

上面代码中的 num_classes 是指类别的数量，也就是字符的种类，可以通过直接读取标签字典的长度获得类别数量。

```
# 获取字典大小
dict_size = len(char_dict)
```

上一章也介绍了如何定义 CRNN，这里简单回顾一下，同时修改一些代码，具体步骤如下。

1）定义网络模型。

2）通过 CNN 获取图像的特征。

3）使用这些特征来将输出展开成一系列特征向量。

4）使用 RNN 向前和向后捕获序列信息。

5）将 RNN 的输出映射到字符分布。

6）使用 Warp CTC 来计算 CTC 任务的成本，并获得评估器。

```
def __build_nn__(self):
    # 通过 CNN 获取图像特征
```

```python
def conv_block(ipt, num_filter, groups, num_channels=None):
    return paddle.networks.img_conv_group(
        input=ipt,
        num_channels=num_channels,
        conv_padding=1,
        conv_num_filter=[num_filter] * groups,
        conv_filter_size=3,
        conv_act=paddle.activation.Relu(),
        conv_with_batchnorm=True,
        pool_size=2,
        pool_stride=2, )

# 因为是灰度图，所以最后一个参数是 1
conv1 = conv_block(self.image, 16, 2, 1)
conv2 = conv_block(conv1, 32, 2)
conv3 = conv_block(conv2, 64, 2)
conv_features = conv_block(conv3, 128, 2)

# 将 CNN 的输出展开成一系列特征向量
sliced_feature = paddle.layer.block_expand(
    input=conv_features,
    num_channels=128,
    stride_x=1,
    stride_y=1,
    block_x=1,
    block_y=11)

# 使用 RNN 向前和向后捕获序列信息
gru_forward = paddle.networks.simple_gru(
    input=sliced_feature, size=128, act=paddle.activation.Relu())
gru_backward = paddle.networks.simple_gru(
    input=sliced_feature,
    size=128,
    act=paddle.activation.Relu(),
    reverse=True)

# 将 RNN 的输出映射到字符分布
self.output = paddle.layer.fc(input=[gru_forward, gru_backward],
                             size=self.num_classes + 1,
                             act=paddle.activation.Linear())

self.log_probs = paddle.layer.mixed(
```

```
        input=paddle.layer.identity_projection(input=self.output),
        act=paddle.activation.Softmax())

    # 使用 Warp CTC 来计算 CTC 任务的成本
    if not self.is_infer:
        # 定义 cost
        self.cost = paddle.layer.warp_ctc(
            input=self.output,
            label=self.label,
            size=self.num_classes + 1,
            norm_by_times=True,
            blank=self.num_classes)
        # 定义额外层
        self.eval = paddle.evaluator.ctc_error(input=self.output, label=self.label)
```

最后通过调用 Model 这个类就可以获取网络模型。参数是 dict_size，它是标签字典的大小，用来生成标签的 IMAGE_SHAPE。参数 IMAGE_SHAPE 是图像的宽度和高度，格式是（宽度，高度）。

```
model = Model(dict_size, IMAGE_SHAPE, is_infer=False)
```

8.6　生成训练器

注意，使用 PaddlePaddle 之前要先初始化它，本例使用 GPU 来训练模型。

```
# 初始化 PaddlePaddle
paddle.init(use_gpu=True, trainer_count=1)
```

通过上面的定义，在训练时需要用到的损失函数和评估器可以通过上一步的模型直接获取。

```
cost = model.cost
extra_layers = model.eval
```

这次的优化方法非常简单，虽然这样的做法不是很好，但是可以使网络收敛得更快一些，而代价是出现了过拟合的问题。

```
optimizer = paddle.optimizer.Momentum(momentum=0)
```

参数也可以通过上面的损失函数生成，这个损失函数是从之前定义的 CRNN 获取的。

```
params = paddle.parameters.create(model.cost)
```

最后，结合上述步骤就可以生成一个训练器。

```
trainer = paddle.trainer.SGD(cost=model.cost,
                             parameters=params,
                             update_equation=optimizer,
                             extra_layers=model.eval)
```

8.7 定义训练

经过上面的步骤获得了训练器，现在可以开始训练了。

```
# 开始训练处理程序
trainer.train(reader=train_reader,
              feeding=feeding,
              event_handler=event_handler,
              num_passes=100)
```

此时用到的 train_reader 就是在数据读取的时候获得的 reader。feeding 可以说明数据层之间的关系，其定义如下。

```
feeding = {'image': 0, 'label': 1}
```

训练事件定义为 event_handler，通过这个训练事件可以在训练的时候处理相关的事情，如输出训练日志用于观察训练的效果，方便分析模型的性能，还可以保存模型，用于之后的预测或者再训练。训练事件的定义如下。

```
# 训练事件处理程序
def event_handler(event):
    if isinstance(event, paddle.event.EndIteration):
        if event.batch_id % 100 == 0:
            print("Pass %d, batch %d, Samples %d, Cost %f" %
                  (event.pass_id, event.batch_id, event.batch_id *
                   BATCH_SIZE, event.cost))

    if isinstance(event, paddle.event.EndPass):
        # 这里由于训练和测试数据共享相同的格式，
        # 因此仍然使用 reader.train_reader 来读取测试数据
        test_reader = paddle.batch(
            my_reader.train_reader(test_file_list),
            batch_size=BATCH_SIZE)
```

```
result = trainer.test(reader=test_reader, feeding=feeding)
print("Test %d, Cost %f" % (event.pass_id, result.cost))
# 检查保存 model 的路径是否存在，如果不存在，就创建
if not os.path.exists(model_save_dir):
    os.mkdir(model_save_dir)
with gzip.open(
        os.path.join(model_save_dir, "params_pass.tar.gz"), "w") as f:
    trainer.save_parameter_to_tar(f)
```

最后，在 trainer.train()中设置的 num_passes 也不适宜太大，轮数太大会出现严重的过拟合问题。

8.8 启动训练

上一章提到过，作者是在百度深度学习 GPU 集群上训练的。因为该神经网络模型只支持 GPU，而这个集群缺少 libwarpctc.so，所以需要安装它。因为上一章有详细的安装过程，所以这里就简单介绍一下。

```
# 先从 GitHub 上获取源码
git clone https://GitHub 官网/baidu-research/warp-ctc.git
cd warp-ctc
# 创建 build 目录
mkdir build
cd build
# cmake 和编译
cmake ../
make -j6
# 复制 libwarpctc.so 到相应的目录中
cp libwarpctc.so /usr/lib/x86_64-linux-gnu/
```

当前的运行环境如下。

- CUDA 的版本是 8.0.61。
- CUDNN 的版本是 5110。
- PaddlePaddle 的版本是 0.10.0。

通过上面的操作，训练的程序就已经完成了，可以启动训练了。

```
if __name__ == "__main__":
    # 训练列表的路径
    train_file_list_path = '../data/train_data/trainer.list'
    # 测试列表的路径
    test_file_list_path = '../data/test_data/test.list'
```

```
# 标签字典的路径
label_dict_path = '../data/label_dict.txt'
# 保存模型的路径
model_save_dir = '../models'
train(train_file_list_path, test_file_list_path, label_dict_path, model_
save_dir)
```

输出的日志大致如下，如果出现了过拟合问题，读者可以像上一章介绍的那样尝试添加正则，再看看训练情况。

```
Pass 47, batch 0, Samples 0, Cost 0.042382
Pass 47, batch 100, Samples 1000, Cost 0.036778
Test 47, Cost 7.121416
Pass 48, batch 0, Samples 0, Cost 0.027287
Pass 48, batch 100, Samples 1000, Cost 0.056485
Test 48, Cost 7.213856
Pass 49, batch 0, Samples 0, Cost 0.034662
Pass 49, batch 100, Samples 1000, Cost 0.041303
Test 49, Cost 7.183661
```

8.9 开始预测

这个验证码数据集比 2013 版的"Task 2.3: Word Recognition"数据集要小很多，类别也比较少，因此收敛速度很快。在收敛之后，就可以获取训练好的模型参数文件，然后就可以使用这些参数进行预测了。下面的代码在 infer.py 中完成。

```
def infer(img_path, model_path, image_shape, label_dict_path):
    # 获取标签字典
    char_dict = load_dict(label_dict_path)
    # 获取反转的标签字典
    reversed_char_dict = load_reverse_dict(label_dict_path)
    # 获取字典大小
    dict_size = len(char_dict)
    # 获取 reader
    my_reader = Reader(char_dict=char_dict, image_shape=image_shape)
    # 初始化 PaddlePaddle
    paddle.init(use_gpu=True, trainer_count=1)
    # 加载训练好的参数
    parameters = paddle.parameters.Parameters.from_tar(gzip.open(model_path))
    # 获取网络模型
    model = Model(dict_size, image_shape, is_infer=True)
    # 获取预测器
```

```
inferer = paddle.inference.Inference(output_layer=model.log_probs, parameters=
parameters)
# 加载数据
test_batch = [[my_reader.load_image(img_path)]]
# 开始预测
return start_infer(inferer, test_batch, reversed_char_dict)
```

上面使用的反转的标签字典的定义如下，通过标签字典的文件即可生成反转的标签字典。

```
def load_reverse_dict(dict_path):
    """
    从字典路径加载反转的标签字典
    :param dict_path: 标签字典的路径
    :type dict_path: str
    """
    return dict((idx, line.strip().split("\t")[0])
            for idx, line in enumerate(open(dict_path, "r").readlines()))
```

通过传入上面获取的 inferer 和图像数据，以及反转的标签字典，就可以进行预测了。可以调用下面的函数进行预测。

```
def start_infer(inferer, test_batch, reversed_char_dict):
    # 获取初步预测结果
    infer_results = inferer.infer(input=test_batch)
    num_steps = len(infer_results) // len(test_batch)
    probs_split = [
        infer_results[i * num_steps:(i + 1) * num_steps]
        for i in range(0, len(test_batch))]
    # 最佳路径解码
    result = ''
    for i, probs in enumerate(probs_split):
        result = ctc_greedy_decoder(
            probs_seq=probs, vocabulary=reversed_char_dict)
    return result
```

这里还使用了最佳路径解码，使用的解码器如下。预测结果可能有重复的索引或者空白的索引，因此还要删除它们。

```
def ctc_greedy_decoder(probs_seq, vocabulary):
    """CTC 贪婪（最佳路径）解码器，
    通过最可能的令牌解码路径，用于
    删除连续的重复索引和所有的空白索引
```

```
    :param probs_seq: 识别的结果以数组表示，数组中的值是每个字符的概率
    :type probs_seq: list
    :param vocabulary: 词汇表
    :type vocabulary: list
    :return: 解码结果字符串
    :rtype: baseline
    """
    # 尺寸验证
    for probs in probs_seq:
        if not len(probs) == len(vocabulary) + 1:
            raise ValueError("probs_seq dimension mismatchedd with vocabulary")
    # 使用 argmax 获得每个时间步长的最佳指标
    max_index_list = list(np.array(probs_seq).argmax(axis=1))
    # 删除连续的重复索引
    index_list = [index_group[0] for index_group in groupby(max_index_list)]
    # 删除空白索引
    blank_index = len(vocabulary)
    index_list = [index for index in index_list if index != blank_index]
    # 将索引列表转换为字符串
    return ''.join([vocabulary[index] for index in index_list])
```

最后，在 main 方法中直接运行预测程序就可以了，传入的验证码是 4uqh，图像的形状是（72, 27）。

```
if __name__ == "__main__":
    # 要预测的图像
    img_path = '../data/test_data/4uqh.png'
    # 模型的路径
    model_path = '../models/params_pass.tar.gz'
    # 图像的大小
    image_shape = (72, 27)
    # 标签的路径
    label_dict_path = '../data/label_dict.txt'
    # 获取预测结果
    result = infer(img_path, model_path, image_shape, label_dict_path)
    print '预测结果: %s' % result
```

输出的预测结果如下，预测结果是完全正确的。

预测结果: 4uqh

8.10 小结

本章介绍了如何使用 CRNN 训练验证码数据集，这次使用端到端的方式完成了对验证码的识别。相比之前的分割方式，这种一步到位的方式降低了错误率，也使得数据的处理变得更为简单。本章中我们第二次使用了 CRNN 模型，下一章中，将再次使用 CRNN 模型，使用这个神经网络模型解决另一个应用场景问题——车牌识别。在车牌识别中，车牌在图片中的位置是不固定的，如果使用分割的方式来分割车牌的字符，是相对困难的，所以我们可以使用 CRNN 模型来对车牌进行端到端的识别，那么我们下一章就介绍车牌端到端的识别。

第 9 章　车牌端到端的识别

9.1　引言

车牌识别的应用场景有很多，比如停车场。通过车牌识别，登记车辆入库和出库的情况，并计算该车停留时长和停车费用。此外，还可以在公路上识别来往车辆，协助交警检查等。接下来就使用 PaddlePaddle 来实现车牌的识别，直接通过端到端识别，不用分割即可完成识别。在第 8 章中实现了验证码端到端的识别，在本章中会使用上一章介绍的一些知识点。本章首先将会从车牌裁剪开始介绍，然后是车牌定位，最后是车牌识别。

本章代码参见 GitHub 的 yeyupiaoling 主页里 BookSource 中的 chapter9。测试环境是 Python 2.7 和 PaddlePaddle 0.10.0（GPU 版本）。

9.2　车牌数据的采集

目前还没有车牌的数据集，因此需要采集车牌数据集。本节将会介绍如何采集需要的车牌数据集。

9.2.1　车牌数据的下载

在进行车牌识别之前，要具备相应的车牌数据。这些车牌数据可以从百度图片中获取，因此可以先编写一个 DownloadImages.py 程序来下载车牌图像。DownloadImages.py 程序与第 5 章使用的 DownloadImages.py 类似，不过这个会更简单一些，因为只下载车牌的图像，代码如下。

```python
import re
import uuid
import requests
import os


class DownloadImages:
    def __init__(self, download_max, key_word):
        self.download_sum = 0
        self.download_max = download_max
        self.key_word = key_word
        self.save_path = '../images/download/'

    def start_download(self):
        self.download_sum = 0
        gsm = 80
        str_gsm = str(gsm)
        pn = 0
        if not os.path.exists(self.save_path):
            os.makedirs(self.save_path)
        while self.download_sum < self.download_max:
            str_pn = str(self.download_sum)
            url = 'http://百度图片网站/search/flip?tn=baiduimage&ie=utf-8&' \
                  'word=' + self.key_word + '&pn=' + str_pn + '&gsm=' + str_gsm + '\
                  &ct=&ic=0&lm=-1&width=0&height=0'
            print url
            result = requests.get(url)
            self.downloadImages(result.text)
        print '下载完成'

    def downloadImages(self, html):
        img_urls = re.findall('"objURL":"(.*?)",', html, re.S)
        print '找到关键词:' + self.key_word + '的图片，现在开始下载图片...'
        for img_url in img_urls:
            print '正在下载第' + str(self.download_sum + 1) + '张图片，图片地址:' + \
            str(img_url)
            try:
                pic = requests.get(img_url, timeout=50)
                pic_name = self.save_path + '/' + str(uuid.uuid1()) + '.jpg'
                with open(pic_name, 'wb') as f:
                    f.write(pic.content)
                self.download_sum += 1
                if self.download_sum >= self.download_max:
                    break
```

```
        except Exception, e:
            print '【错误】当前图片无法下载，%s' % e
            continue
```

之后，在 main 函数中调用下载车牌的函数 start_download()，代码如下。

```
if __name__ == '__main__':
    downloadImages = DownloadImages(100, '车牌')
    downloadImages.start_download()
```

通过上面这个程序，只要给定下载的数据和"车牌"这个关键字，就可以开始下载车牌图像了，下载好的车牌图像会放在 images/download/中。

9.2.2 命名车牌图像

下载好的图像还不能直接使用，因为需要经过以下几步的处理。由于在下载的图像中不是每张都显示车牌信息，并且还有很多无效的图像，因此需要删除这些不合要求的图像。然后，对其他有效的图像进行命名，名称可为车牌对应的内容，把图 9-1 所示的图像命名为某 X·XXXXX，并存放在 images/src_temp/中。

图 9-1　车牌图像

9.2.3 车牌定位

如果原始的图像比较大，而且包括很多其他的噪声，那么将影响训练的效果。另外，因为这里的数据集非常小，所以需要裁剪多余的地方，这样才会使得模型尽可能快地收敛。

对图像进行裁剪，就是要把车牌部分从图像裁剪出来。当然，这么费劲的工作不能全部由我们手工完成，需要编写一个 CutPlateNumber.py 程序，让它来裁剪图像。由于车牌图像的裁剪比较复杂，因此把整个过程分成 5 个步骤。

1）将彩色的车牌图像转换成灰度图。

2）利用高斯平滑方法处理灰度化的图像后，再对它进行中值滤波。

3）使用 Sobel 算子对图像进行边缘检测。

4）对二值化的图像进行腐蚀、膨胀、开运算和闭运算等形态学变换。

5）对形态学变换后的图像进行轮廓查找，根据车牌的长宽比提取车牌。

下面就通过这 5 个步骤对图像进行处理，从而定位到车牌。

1．灰度化

执行下面的代码，把彩色图像转换成灰度图。执行结果如图 9-2 所示。

```
# 转换成灰度图
gray = cv2.cvtColor(img, cv2.COLOR_BGR2GRAY)
```

图 9-2　灰度化的图像

2．高斯平滑和中值滤波

执行下面的代码，对灰度化的图像进行高斯平滑。执行结果如图 9-3 所示。

```
# 高斯平滑
gaussian = cv2.GaussianBlur(gray, (3, 3), 0, 0, cv2.BORDER_DEFAULT)
```

图 9-3　高斯平滑后的图像

执行下面的代码，继续对图像进行中值滤波处理。执行结果如图 9-4 所示。

```
# 中值滤波
median = cv2.medianBlur(gaussian, 5)
```

图 9-4 中值滤波处理后的图像

3. 使用 Sobel 算子对图像进行边缘检测

执行下面的代码，使用 Sobel 算子对图像进行边缘检测。执行结果如图 9-5 所示。

```
# 使用 Sobel 算子在 X 方向上求梯度
sobel = cv2.Sobel(median, cv2.CV_8U, 1, 0, ksize=3)
```

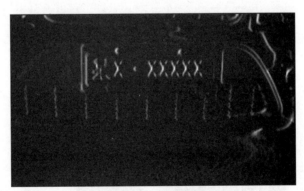

图 9-5 进行边缘检测后的图像

4. 二值化及形态变换

执行下面的代码，对图像进行二值化处理。执行结果如图 9-6 所示。

```
# 二值化
ret, binary = cv2.threshold(sobel, 170, 255, cv2.THRESH_BINARY)
```

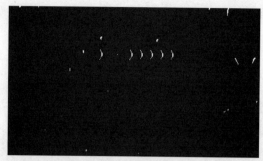

图 9-6　二值化处理后的图像

执行下面的代码，对图像进行形态变换处理。执行结果如图 9-7 所示。

```
# 膨胀和腐蚀
kernelelement1 = cv2.getStructuringElement(cv2.MORPH_RECT, (9, 1))
element2 = cv2.getStructuringElement(cv2.MORPH_RECT, (9, 7))
# 膨胀一次，让轮廓突出
dilation = cv2.dilate(binary, element2, iterations=1)
# 腐蚀一次，去掉细节
erosion = cv2.erode(dilation, element1, iterations=1)
# 再次膨胀，让轮廓明显一些
dilation2 = cv2.dilate(erosion, element2, iterations=iterations)
# 开运算
op_open = cv2.morphologyEx(dilation2, cv2.MORPH_OPEN, element2)
# 闭运算
op_close = cv2.morphologyEx(dilation2, cv2.MORPH_CLOSE, element2)
```

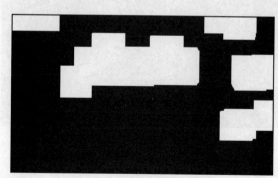

图 9-7　形态变换后的图像

5. 查找轮廓后进行裁剪

最后，把形态处理后最大的白块裁剪出来，得到车牌数据对应的图像，如图 9-8 所示。

```
box = region[0]
ys = [box[0, 1], box[1, 1], box[2, 1], box[3, 1]]
xs = [box[0, 0], box[1, 0], box[2, 0], box[3, 0]]
ys_sorted_index = np.argsort(ys)
xs_sorted_index = np.argsort(xs)

x1 = box[xs_sorted_index[0], 0]
x2 = box[xs_sorted_index[3], 0]

y1 = box[ys_sorted_index[0], 1]
y2 = box[ys_sorted_index[3], 1]

img_plate = img[y1:y2, x1:x2]
cv2.imwrite('../data/data_temp/%s.jpg' % self.img_name, img_plate)
```

图 9-8　裁剪后的图像

在形态变换中，先使用了 6 次迭代膨胀，如果 6 次迭代膨胀没能裁剪到图像，就重新使用 3 次迭代膨胀的方式进行形态变换。如果还不能裁剪到车牌的图像，那么只能使用手工裁剪了。注意，虽然对 CutPlateNumber.py 程序进行了优化，但是裁剪的效果还不够理想，没有成功裁剪的部分还要进行手动裁剪。如果用户的操作系统是 Windows 10，那么使用 Windows 10 自带的图像查看器可以很方便地进行裁剪。第 11 章将会介绍如何使用神经网络的方式实现定位车牌，如果使用神经网络预测的结果定位车牌，那么识别率会高很多，而且裁剪效果也好很多。

通过上面的步骤把裁剪的图像存放在 data/data_temp/中，等待分配给训练和测试的数据集。

9.2.4　灰度化图像

读者可能会发现，通过上面的步骤裁剪的图像还是彩色的。这些裁剪后的图像存放在 data/data_temp/中，现在要将它们灰度化，并分配给训练集合 data/train_data 和测试集合 data/test_data，因此要编写一个程序批量处理它们。

```python
import os
from PIL import Image

def Image2GRAY(path):
    # 获取临时文件夹中的所有图像路径
    imgs = os.listdir(path)
    i = 0
    for img in imgs:
        # 从 10 个数据取一个作为测试数据，剩下的作为训练数据
        if i % 10 == 0:
            # 使图像灰度化并保存
            im = Image.open(path + '/' + img).convert('L')
            im = im.resize((180, 80), Image.ANTIALIAS)
            im.save('../data/test_data/' + img)
        else:
            # 使图像灰度化并保存
            im = Image.open(path + '/' + img).convert('L')
            im = im.resize((180, 80), Image.ANTIALIAS)
            im.save('../data/train_data/' + img)
        i = i + 1

if __name__ == '__main__':
    # 临时数据存放路径
    path = '../data/data_temp'
    Image2GRAY(path)
```

现在训练数据和测试数据都准备完毕，可以开始读取数据了。

9.3 数据的读取

本节介绍如何进行数据读取，虽然这与第 8 章介绍的数据读取过程比较类似，但在一些细节上还是有区别的。因此，读者需要仔细阅读本节，以避免出现一些细节性错误。

9.3.1 生成列表文件

下面使用制表符分隔图像路径和对应的标签。代码如下。

```python
import os

class CreateDataList:
```

```python
    def __init__(self):
        pass


    def createDataList(self, data_path, isTrain):
        # 判断生成的列表是训练图像列表还是测试图像列表
        if isTrain:
            list_name = 'trainer.list'
        else:
            list_name = 'test.list'
        list_path = os.path.join(data_path, list_name)
        # 判断该列表是否存在，如果存在，就删除，避免在生成图像列表时把该路径也写进去
        if os.path.exists(list_path):
            os.remove(list_path)
        # 读取所有的图像路径，此时图像列表不存在，因此就不用担心写入非图像文件的路径了
        imgs = os.listdir(data_path)
        for img in imgs:
            name = img.split('.')[0]
            with open(list_path, 'a') as f:
                # 写入图像路径和标签，用制表符隔开
                f.write(img + '\t' + name + '\n')
```

然后，在 main 函数中调用 createDataList()函数就可以生成图像列表了。

```python
if __name__ == '__main__':
    createDataList = CreateDataList()
    # 生成训练图像列表
    createDataList.createDataList('../data/train_data/', True)
    # 生成测试图像列表
    createDataList.createDataList('../data/test_data/', False)
```

同样会在 data/train_data 中生成训练图像列表 trainer.list，在 data/test_data 中生成测试图像列表 test.list。

9.3.2　以列表方式读取数据

通过以下的 get_file_list()函数以列表方式读取图像文件。

```python
def get_file_list(image_file_list):
    '''
    生成用于训练和测试数据的文件列表
    :param image_file_list: 图像文件和列表文件的路径
    :type image_file_list: str
```

```
    '''
    dirname = os.path.dirname(image_file_list)
    path_list = []
    with open(image_file_list) as f:
        for line in f:
            # 使用制表符分隔路径和标签
            line_split = line.strip().split('\t')
            filename = line_split[0].strip()
            path = os.path.join(dirname, filename)
            label = line_split[1].strip()
            if label:
                path_list.append((path, label))

    return path_list
```

通过 get_file_list()函数生成列表数据后，接下来调用 get_file_list()函数并传入图像列表的文件路径就可以生成图像路径和标签的列表。

```
# 获取训练列表
train_file_list = get_file_list(train_file_list_path)
# 获取测试列表
test_file_list = get_file_list(test_file_list_path)
```

9.3.3　生成和读取标签字典

接下来，需要生成标签字典，这个标签字典包括训练标签的所有字符，这些字符在后续训练和预测中都要使用。生成的标签字典的格式如下。

```
字符      出现次数
字符      出现次数
字符      出现次数
字符      出现次数
```

需要注意的是，与第 8 章的标签有点不一样，这次的标签有中文，因此，在保存标签字典的时候要注意中文编码的问题。

```
def build_label_dict(file_list, save_path):
    """
    从训练数据建立标签字典
    :param file_list: 包含标签的训练数据列表
    :type file_list: list
    :params save_path: 保存标签字典的路径
    :type save_path: str
```

```
    """
    values = defaultdict(int)
    for path, label in file_list:
        # 加上 unicode(label, "utf-8")解决中文编码问题
        for c in unicode(label, "utf-8"):
            if c:
                values[c] += 1

    values['<unk>'] = 0
    # 解决写入文本文件的中文编码问题
    f = codecs.open(save_path,'w','utf-8')
    for v, count in sorted(values.iteritems(), key=lambda x: x[1], reverse=True):
        content = "%s\t%d\n" % (v, count)
        # print content
        f.write(content)
```

接下来，把训练数据（即上文获得的列表数据）传给这个 build_label_dict()函数，就可以生成标签字典了。

```
build_label_dict(train_file_list, label_dict_path)
```

接下来，读取标签字典。读取标签字典会为每个字符绑定一个编码，从 0 开始，按顺序递增。

```
def load_dict(dict_path):
    """
    从字典路径加载标签字典
    :param dict_path: 标签字典的路径
    :type dict_path: str
    """
    return dict((line.strip().split("\t")[0], idx)
                for idx, line in enumerate(open(dict_path, "r").readlines()))
```

9.3.4　训练数据和测试数据的读取

处理好标签字典之后，就要读取训练数据和测试数据了。通过前面几个步骤，已经获取了 train_file_list，但是这个列表数据不能直接供 PaddlePaddle 读取与训练，还需要把它打包成一个 reader。reader.py 程序的代码如下。

```
import cv2
import paddle.v2 as paddle
```

```
class Reader(object):
    def __init__(self, char_dict, image_shape):
        self.image_shape = image_shape
        self.char_dict = char_dict

    def train_reader(self, file_list):
        def reader():
            UNK_ID = self.char_dict['<unk>']
            for image_path, label in file_list:
                # 解决键为中文的问题
                label2 = []
                for c in unicode(label, "utf-8"):
                    for dict1 in self.char_dict:
                        if c == dict1.decode('utf-8'):
                            label2.append(self.char_dict[dict1])
                yield self.load_image(image_path), label2
        return reader

    def load_image(self, path):
        image = paddle.image.load_image(path, is_color=False)
        # 将所有图像调整为固定形状
        if self.image_shape:
            image = cv2.resize(
                image, self.image_shape, interpolation=cv2.INTER_CUBIC)
        image = image.flatten() / 255.
        return image
```

值得注意的是 train_reader(self, file_list)函数，因为标签字典中有中文，所以字典中有的键是中文的，需要做一些编码处理。然后，通过下面的代码就可以获取 reader 了。

```
# 获取测试数据的 reader
test_reader = paddle.batch(
    my_reader.train_reader(test_file_list),
    batch_size=BATCH_SIZE)

# 获取训练数据的 reader
train_reader = paddle.batch(
    paddle.reader.shuffle(
        my_reader.train_reader(train_file_list),
        buf_size=1000),
    batch_size=BATCH_SIZE)
```

9.4 定义神经网络

有了训练数据之后，就要定义神经网络。定义标签还要使用类别的总数。下面通过读取标签字典的大小就可以获得类别的总数。

```
# 获取字典大小
dict_size = len(char_dict)
```

以下代码是模型参数的定义。图像的大小通过宽度乘以高度就可以获得，如果图像是 3 通道的，那么要乘以 3，但是这个项目的数据集已经通过灰度化处理了，因此不需要再乘以 3 了。标签字典的大小就是上面获得的总字符类别数量。

```
class Model(object):
    def __init__(self, num_classes, shape, is_infer=False):
        self.num_classes = num_classes
        self.shape = shape
        self.is_infer = is_infer
        self.image_vector_size = shape[0] * shape[1]

        self.__declare_input_layers__()
        self.__build_nn__()


    def __declare_input_layers__(self):
        # 图像输入为一个浮点向量
        self.image = paddle.layer.data(
            name='image',
            type=paddle.data_type.dense_vector(self.image_vector_size),
            # shape 的格式是(宽度,高度)
            height=self.shape[1],
            width=self.shape[0])

        # 将 ID 列表输入标签层中
        if not self.is_infer:
            self.label = paddle.layer.data(
                name='label',
         type=paddle.data_type.integer_value_sequence(self.num_classes))
```

下面就是整个神经网络的定义，相信通过前面几章的学习，读者已经非常熟悉了。首先通过卷积神经网络（CNN）获取图像的特征，然后通过循环神经网络（RNN）捕获序列信息，最后通过调用 warp_ctc()接口获取损失函数。

```python
def __build_nn__(self):
    # 通过 CNN 获取图像特征
    def conv_block(ipt, num_filter, groups, num_channels=None):
        return paddle.networks.img_conv_group(
            input=ipt,
            num_channels=num_channels,
            conv_padding=1,
            conv_num_filter=[num_filter] * groups,
            conv_filter_size=3,
            conv_act=paddle.activation.Relu(),
            conv_with_batchnorm=True,
            pool_size=2,
            pool_stride=2, )

    # 因为是灰度图，所以最后一个参数是 1
    conv1 = conv_block(self.image, 16, 2, 1)
    conv2 = conv_block(conv1, 32, 2)
    conv3 = conv_block(conv2, 64, 2)
    conv_features = conv_block(conv3, 128, 2)

    # 将 CNN 的输出展开成一系列特征向量
    sliced_feature = paddle.layer.block_expand(
        input=conv_features,
        num_channels=128,
        stride_x=1,
        stride_y=1,
        block_x=1,
        block_y=11)

    # 使用 RNN 向前和向后捕获序列信息
    gru_forward = paddle.networks.simple_gru(
        input=sliced_feature, size=128, act=paddle.activation.Relu())
    gru_backward = paddle.networks.simple_gru(
        input=sliced_feature,
        size=128,
        act=paddle.activation.Relu(),
        reverse=True)

    # 将 RNN 的输出映射到字符分布
    self.output = paddle.layer.fc(input=[gru_forward, gru_backward],
                                  size=self.num_classes + 1,
                                  act=paddle.activation.Linear())
```

```
self.log_probs = paddle.layer.mixed(
    input=paddle.layer.identity_projection(input=self.output),
    act=paddle.activation.Softmax())

# 使用扭曲 CTC 来计算 CTC 任务的成本
if not self.is_infer:
    # 定义 cost
    self.cost = paddle.layer.warp_ctc(
        input=self.output,
        label=self.label,
        size=self.num_classes + 1,
        norm_by_times=True,
        blank=self.num_classes)
    # 定义额外层
    self.eval = paddle.evaluator.ctc_error(input=self.output, label=self.label)
```

接下来，通过调用 Model 类就可以获取模型，传入的部分参数如下。

- dict_size 是标签字典的大小，用来生成标签。
- IMAGE_SHAPE 是指图像的宽度和高度，格式是（宽度，高度）。

```
model = Model(dict_size, IMAGE_SHAPE, is_infer=False)
```

9.5 开始训练

1. 定义训练器

有了数据和神经网络，就可以准备训练了，但是在训练之前，先要有一个训练器。下面就定义一个训练器。

```
# 初始化 PaddlePaddle
paddle.init(use_gpu=True, trainer_count=1)
# 定义网络拓扑
model = Model(dict_size, IMAGE_SHAPE, is_infer=False)
# 创建优化方法
optimizer = paddle.optimizer.Momentum(
    momentum=0.9,
    regularization=paddle.optimizer.L2Regularization(rate=0.0005 * 128),
    learning_rate=0.001 / 128,
    learning_rate_decay_a=0.1,
    learning_rate_decay_b=128000 * 35,
    learning_rate_schedule="discexp", )
# 创建训练参数
```

```
params = paddle.parameters.create(model.cost)
# 定义训练器
trainer = paddle.trainer.SGD(cost=model.cost,
                             parameters=params,
                             update_equation=optimizer,
                             extra_layers=model.eval)
```

2. 启动训练

有了数据和神经网络模型，也有了训练器，现在就可以开始训练了。因为本例的数据集比较小，所以可以先训练 1000 轮，训练速度也是很快的。

```
# 开始训练
trainer.train(reader=train_reader,
              feeding=feeding,
              event_handler=event_handler,
              num_passes=1000)
```

在训练的时候,不要忘记加上一个训练事件来保存训练好的参数和训练过程的信息。用户可以根据输出的信息来判断模型收敛的情况，如果输出的成本已经很小了，还相对稳定，就可以判断模型基本上收敛了。

```
# 训练事件处理程序
def event_handler(event):
    if isinstance(event, paddle.event.EndIteration):
        if event.batch_id % 100 == 0:
            print("Pass %d, batch %d, Samples %d, Cost %f" %
                  (event.pass_id, event.batch_id, event.batch_id *
                   BATCH_SIZE, event.cost))

    if isinstance(event, paddle.event.EndPass):
        result = trainer.test(reader=test_reader, feeding=feeding)
        print("Test %d, Cost %f" % (event.pass_id, result.cost))
        # 检查保存模型的路径是否存在，如果不存在，就创建
        if not os.path.exists(model_save_dir):
            os.mkdir(model_save_dir)
        with gzip.open(
                os.path.join(model_save_dir, "params_pass.tar.gz"), "w") as f:
            trainer.save_parameter_to_tar(f)
```

因为这个项目依赖的 Warp CTC 只有 CUDA 实现，所以只支持 GPU 运行，要运行该项目，就要搭建 PaddlePaddle 的 GPU 版本。本例同样使用百度云上的 GPU 集群。关于

如何使用百度云的 GPU 集群，前面的章节已经介绍过，这里不再详述。

在训练时会输出如下日志。

```
Pass 271, batch 0, Samples 0, Cost 15.799170
Test 271, Cost 21.855422
Pass 272, batch 0, Samples 0, Cost 15.706793
Test 272, Cost 21.910308
Pass 273, batch 0, Samples 0, Cost 13.808264
Test 273, Cost 21.876393
Pass 274, batch 0, Samples 0, Cost 14.514270
Test 274, Cost 21.914646
```

下面是训练接近 1000 轮时的日志信息。

```
Pass 996, batch 0, Samples 0, Cost 1.430636
Test 996, Cost 31.704002
Pass 997, batch 0, Samples 0, Cost 0.390946
Test 997, Cost 31.711783
Pass 998, batch 0, Samples 0, Cost 0.810337
Test 998, Cost 30.809118
Pass 999, batch 0, Samples 0, Cost 0.433493
Test 999, Cost 31.134202
```

通过上面的训练日志可以看出，这个训练出现了过拟合现象，特别是接近 1000 轮的时候更加严重。这是因为这里的数据集比较小，尽管使用了正则化，但是训练数据太少不足以拟合比较好的模型。

9.6 开始预测

虽然出现了过拟合的情况，但是还可以尝试做一下预测。此处可以使用保存好的参数来进行预测。

```python
def infer(img_path, model_path, image_shape, label_dict_path):
    # 获取标签字典
    char_dict = load_dict(label_dict_path)
    # 获取反转的标签字典
    reversed_char_dict = load_reverse_dict(label_dict_path)
    # 获取字典大小
    dict_size = len(char_dict)
    # 获取 reader
    my_reader = Reader(char_dict=char_dict, image_shape=image_shape)
```

```
# 初始化 PaddlePaddle
paddle.init(use_gpu=True, trainer_count=1)
# 获取网络模型
model = Model(dict_size, image_shape, is_infer=True)
# 加载训练好的参数
parameters = paddle.parameters.Parameters.from_tar(gzip.open(model_path))
# 获取预测器
inferer = paddle.inference.Inference(output_layer=model.log_probs, parameters=
parameters)
# 裁剪车牌
cutPlateNumber = CutPlateNumber()
cutPlateNumber.strat_crop(img_path, True)
# 加载裁剪后的车牌
test_batch = [[my_reader.load_image('../images/infer.jpg')]]
# 开始预测
return start_infer(inferer, test_batch, reversed_char_dict)
```

与第 8 章的验证码预测不一样的是，我们要预测的车牌图像也要经过裁剪才可以很好地预测，尽可能让预测的图像与训练的图像相似，这样才会有更好的预测效果。

```
# 裁剪车牌图像
cutPlateNumber = CutPlateNumber()
cutPlateNumber.strat_crop(img_path, True)
# 加载裁剪后的车牌图像
test_batch = [[my_reader.load_image('../images/infer.jpg')]]
```

在裁剪之后，保存要预测的图像，等待下一步的预测。

```
if is_infer:
    # 如果是用于预测的图像，就给定文件名
    cv2.imwrite('../images/infer.jpg', img_plate)
```

当然，也可以根据情况先把要预测的图像全部裁剪并保存，之后使用预测程序统一进行预测。

执行上面的 infer() 函数之后，获得 PaddlePaddle 的预测器和图像的一维向量，然后就可以开始预测了。

```
def start_infer(inferer, test_batch, reversed_char_dict):
    # 获取初步预测结果
    infer_results = inferer.infer(input=test_batch)
    num_steps = len(infer_results) // len(test_batch)
    probs_split = [
        infer_results[i * num_steps:(i + 1) * num_steps]
```

```
        for i in range(0, len(test_batch))]
    # 最佳路径解码
    result = ''
    for i, probs in enumerate(probs_split):
        result = ctc_greedy_decoder(
            probs_seq=probs, vocabulary=reversed_char_dict)
    return result
```

预测出来的是字典编号，然后需要通过反转的标签字典获得对应的字符。

```
def load_reverse_dict(dict_path):
    """
    从字典路径加载反转的标签字典
    :param dict_path: 标签字典的路径
    :type dict_path: str
    """
    return dict((idx, line.strip().split("\t")[0])
            for idx, line in enumerate(open(dict_path, "r").readlines()))
```

另外，在预测时，通过下面的代码可以获取最优路径解码。

```
def ctc_greedy_decoder(probs_seq, vocabulary):
    # 尺寸验证
    for probs in probs_seq:
        if not len(probs) == len(vocabulary) + 1:
            raise ValueError("probs_seq dimension mismatchedd with    vocabulary")
    # 使用 argmax 获得每个时间步长的最佳指标
    max_index_list = list(np.array(probs_seq).argmax(axis=1))
    # 删除连续的重复索引
    index_list = [index_group[0] for index_group in groupby(max_index_list)]
    # 删除空白索引
    blank_index = len(vocabulary)
    index_list = [index for index in index_list if index != blank_index]
    # 将索引列表转换为字符串
    return ''.join([vocabulary[index] for index in index_list])
```

最后调用 infer()预测函数就可以预测了，这里使用的是测试集中的图像，读者也可以在自行寻找数据并裁剪出车牌图像之后再进行训练。

```
if __name__ == "__main__":
    # 要预测的图像
    img_path = '../data/test_data/某 XXXXXX.jpg'
    # 模型的路径
    model_path = '../models/params_pass.tar.gz'
```

```
# 图像的大小
image_shape = (180, 80)
# 标签的路径
label_dict_path = '../data/label_dict.txt'
# 获取预测结果
result = infer(img_path, model_path, image_shape, label_dict_path)
print '预测结果: %s' % result
```

最后输出的预测结果如下。

预测结果：某 XXXXXX。

因为训练数据太少了，所以训练出来的模型不是很理想，存在严重的过拟合现象。在这种情况下，可以通过增加训练数据避免过拟合。车牌数据集的裁剪是非常耗时费力的。当然，采集这些车牌数据也相对麻烦，因此本例中仅有 250 多张车牌图像。如果读者想提高识别准确率，那么可以通过增加数据量来训练更好的模型。除了正常采集车牌数据之外，还可以自动生成车牌数据集。在 GitHub 上也有不少生成车牌数据集的开源代码，可以通过自动生成虚拟的车牌数据集的方式来生成更多的车牌数据。虽然不是真实的车牌，但是也可以用来进行练习。

9.7　小结

本章介绍了如何使用 CRNN 训练车牌数据集。回顾本章内容，从车牌的下载到命名车牌，再之后是经过一系列的图像处理，最终获取裁剪后的车牌图像，并使用这些图像进行训练。经过上面的车牌定位，读者可能会有疑问，为什么要进行车牌图像裁剪？按道理来说，我们使用的神经网络模型是具备场景文字识别功能的，即使整张图像也是能够训练的。的确是这样的，但是我们的数据集比较小，如果图像比较大，会有更多的噪声，从而使模型更加无法收敛。因此，需要裁剪其他的噪声，让模型能够更好地收敛。但是，因为这种裁剪方式非常粗糙，还有不少的图像是裁剪不成功的，所以这种裁剪效果非常不理想。在深度学习中，有一种算法称为目标检测，它可以检测图像中目标存在的位置和大小。也就是说，使用这个算法可以更好地定位车牌的位置。下一章将会介绍目标检测算法。

第10章　使用 VOC 数据集实现目标检测

10.1　引言

目标检测是什么？目标检测是指在图像中寻找和确定目标的位置及其大小，这里的目标可以是多个物体或单个物体。目标检测的使用范围很广，当我们使用相机拍照时，要正确检测人脸的位置，从而进行进一步的处理，如"美颜"等。在目标检测的深度学习领域，从 2014 年到 2016 年，先后出现了 RCNN、Fast RCNN、Faster RCNN、ION、HyperNet、SDP-CRC、YOLO、GCNN 和 SSD 等神经网络模型。在编写本章的时候，YOLO已经更新到 v3 版本，这个模型的预测速度在目前几乎是最快的，可以达到实时检测。这些神经网络的出现使得目标检测无论是在准确度上，还是在速度上，都有很大提高，如YOLO v3 可以达到实时检测。而在本章中，将会使用 SSD 神经网络模型在 VOC 数据集上实现目标检测。

本章代码参见 GitHub 的 yeyupiaoling 主页里 BookSource 中的 chapter10。测试环境是 Python 2.7 和 PaddlePaddle 0.11.0（GPU 版本）。

10.2　VOC 数据集

PASCAL VOC 挑战赛是视觉对象的分类识别和检测的一个基准测试，提供了检测算法与学习性能的标准图像注释数据集和标准的评估系统。PASCAL VOC 图片集包括 20 个目录：

- 人类；
- 动物（鸟、猫、牛、狗、马、羊）；
- 交通工具（飞机、自行车、船、公共汽车、小轿车、摩托车、火车）；

● 室内（瓶子、椅子、餐桌、盆栽植物、沙发、电视）。

以上这些类别在 data/label_list 文件中都列出了，但这个文件中多了一个类别，就是背景（background）。我们这次使用的数据集是 VOC2007 和 VOC2012，其中 VOC2007包含训练集和测试集，而 VOC2012 只包含训练集。

10.2.1　下载 VOC 数据集

如果读者使用的是 Ubuntu 系统，那么可以使用 wget 工具下载这些数据集。如果还没有安装 wget 工具，那么需要先安装它。安装命令如下。

```
apt install wget
```

安装完 wget 工具之后，就可以使用 wget 下载数据集了，命令如下。

```
# 切换到项目的数据目录
cd data
# 下载 2007 年的训练数据
wget http:// PASCAL VOC 挑战赛官网域名/pascal/VOC/voc2007/VOCtrainval_06-Nov-2007.tar
# 下载 2007 年的测试数据
wget http:// PASCAL VOC 挑战赛官网域名/pascal/VOC/voc2007/VOCtest_06-Nov-2007.tar
# 下载 2012 年的训练数据
wget http:// PASCAL VOC 挑战赛官网域名/pascal/VOC/voc2012/VOCtrainval_11-May-2012.tar
```

下载完之后的数据集是 tar 格式的压缩包，需要解压数据集到当前目录中。解压命令如下。

```
tar xvf VOCtest_06-Nov-2007.tar
tar xvf VOCtrainval_06-Nov-2007.tar
tar xvf VOCtrainval_11-May-2012.tar
```

解压之后会得到一系列目录，其中在本项目中主要使用 Annotations 和 JPEGImages目录下的文件。Annotations 目录下是标注文件，标注文件是 XML 类型的文件，每一个XML 对应一张图像。JPEGImages 目录下是所有的图像文件。

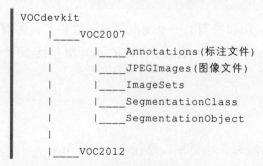
```
VOCdevkit
    |____VOC2007
    |    |____Annotations(标注文件)
    |    |____JPEGImages(图像文件)
    |    |____ImageSets
    |    |____SegmentationClass
    |    |____SegmentationObject
    |
    |____VOC2012
```

```
|____Annotations(标注文件)
|____JPEGImages(图像文件)
|____ImageSets
|____SegmentationClass
|____SegmentationObject
```

10.2.2 生成图像列表

下面要编写一个程序 data/prepare_voc_data.py，用于把这些数据生成一个图像列表，该列表与之前章节介绍的图像列表类似。这次与每一行对应图像的路径和标签有点不同的是，对应的不是 int 类型的标签，而是一个 XML 类型的标注文件。其主要代码段如下。

```python
def prepare_filelist(devkit_dir, years, output_dir):
    trainval_list = []
    test_list = []
    # 获取两个年份的数据
    for year in years:
        trainval, test = walk_dir(devkit_dir, year)
        trainval_list.extend(trainval)
        test_list.extend(test)
    # 打乱训练数据
    random.shuffle(trainval_list)
    # 保存训练图像列表
    with open(os.path.join(output_dir, 'trainval.txt'), 'w') as ftrainval:
        for item in trainval_list:
            ftrainval.write(item[0] + ' ' + item[1] + '\n')
    # 保存测试图像列表
    with open(os.path.join(output_dir, 'test.txt'), 'w') as ftest:
        for item in test_list:
            ftest.write(item[0] + ' ' + item[1] + '\n')


if __name__ == '__main__':
    # 数据存放的位置
    devkit_dir = 'VOCdevkit'
    # 数据的年份
    years = ['2007', '2012']
    prepare_filelist(devkit_dir, years, '.')
```

执行上面的程序，就可以生成一个图像列表，其中的部分图像如下。

```
VOCdevkit/VOC2007/JPEGImages/000001.jpg VOCdevkit/VOC2007/Annotations/000001.xml
VOCdevkit/VOC2007/JPEGImages/000002.jpg VOCdevkit/VOC2007/Annotations/000002.xml
VOCdevkit/VOC2007/JPEGImages/000003.jpg VOCdevkit/VOC2007/Annotations/000003.xml
VOCdevkit/VOC2007/JPEGImages/000004.jpg VOCdevkit/VOC2007/Annotations/000004.xml
```

数据集的准备工作完成，接下来对数据集进行处理。

10.3　数据预处理

之前的章节提到，训练和测试的数据都是 reader 格式的，因此接下来要对 VOC 数据集做一些处理。与之前最大的不同是，这次的标签不是简单的 int 类型或者一个字符串，而是一个标注 XML 文件。另外，训练的图像大小必须是统一的。然而，实际的图像大小是不固定的，如果改变了图像的大小，那么图像的标注信息就不正确了。因此，在对图像的大小修改的同时，也要对标注信息进行对应的修改。下面创建一个名为 data_provider.py 的文件用于读取这些数据。获取标注信息的主要代码如下。

```python
# 保存列表的结构: label | xmin | ymin | xmax | ymax | difficult
if mode == 'train' or mode == 'test':
    # 保存每个标注框
    bbox_labels = []
    # 开始读取标注信息
    root = xml.etree.ElementTree.parse(label_path).getroot()
    # 查询每个标注的信息
    for object in root.findall('object'):
        # 每个标注框的信息
        bbox_sample = []
        # start from 1
        bbox_sample.append(
            float(
                settings.label_list.index(
                    object.find('name').text)))
        bbox = object.find('bndbox')
        difficult = float(object.find('difficult').text)
        # 获取标注信息，计算框的比例，同时保存到列表中
        bbox_sample.append(
            float(bbox.find('xmin').text) / img_width)
        bbox_sample.append(
            float(bbox.find('ymin').text) / img_height)
        bbox_sample.append(
            float(bbox.find('xmax').text) / img_width)
        bbox_sample.append(
            float(bbox.find('ymax').text) / img_height)
        bbox_sample.append(difficult)
        # 保存整个框的信息
        bbox_labels.append(bbox_sample)
```

在获取了标注信息并计算和保存了标注信息后，根据图像的原始大小和标注信息的比例，可以根据图像的标注信息裁剪图像。代码如下。

```python
def crop_image(img, bbox_labels, sample_bbox, image_width, image_height):
    '''
    裁剪图像
    :param img: 图像
    :param bbox_labels: 所有的标注信息
    :param sample_bbox: 对应一个标注信息
    :param image_width: 图像原始的宽度
    :param image_height: 图像原始的高度
    :return:裁剪好的图像及其对应的标注信息
    '''
    sample_bbox = clip_bbox(sample_bbox)
    xmin = int(sample_bbox.xmin * image_width)
    xmax = int(sample_bbox.xmax * image_width)
    ymin = int(sample_bbox.ymin * image_height)
    ymax = int(sample_bbox.ymax * image_height)
    sample_img = img[ymin:ymax, xmin:xmax]
    sample_labels = transform_labels(bbox_labels, sample_bbox)
    return sample_img, sample_labels
```

然后将这些图像转换为训练或者测试要使用的 reader 格式。代码如下。

```python
def reader():
    img = Image.fromarray(img)
    # 设置图像大小
    img = img.resize((settings.resize_w, settings.resize_h),
                     Image.ANTIALIAS)
    img = np.array(img)

    if mode == 'train':
        mirror = int(random.uniform(0, 2))
        if mirror == 1:
            img = img[:, ::-1, :]
            for i in xrange(len(sample_labels)):
                tmp = sample_labels[i][1]
                sample_labels[i][1] = 1 - sample_labels[i][3]
                sample_labels[i][3] = 1 - tmp

    if len(img.shape) == 3:
        img = np.swapaxes(img, 1, 2)
        img = np.swapaxes(img, 1, 0)
```

```
        img = img.astype('float32')
        img -= settings.img_mean
        img = img.flatten()

        if mode == 'train' or mode == 'test':
            if mode == 'train' and len(sample_labels) == 0: continue
            yield img.astype('float32'), sample_labels
        elif mode == 'infer':
            yield img.astype('float32')
    return reader
```

最后通过调用 PaddlePaddle 的接口就可以生成训练和测试使用的最终 reader 数据集。代码如下。

```
# 创建训练数据
train_reader = paddle.batch(
    data_provider.train(data_args, train_file_list),
    batch_size=cfg.TRAIN.BATCH_SIZE)
# 创建测试数据
dev_reader = paddle.batch(
    data_provider.test(data_args, dev_file_list),
    batch_size=cfg.TRAIN.BATCH_SIZE)
```

10.4　SSD 神经网络

SSD 的英文全称是 Single Shot MultiBox Detector。SSD 基于一个前向传播 CNN，产生一系列固定大小的矩形框，每一个矩形框中包含物体实例的可能性。之后，进行非极大值抑制（Non-maximum Suppression）得到最终的预测结果。SSD 使用一个卷积神经网络实现"端到端"的检测：输入为原始图像，输出为检测结果，无须借助外部工具或流程进行特征提取、候选框生成等。SSD 使用 VGG16 作为基础网络进行图像特征提取。如前所述，VGG 神经网络是很常用的，在它的基础上衍生的神经网络有很多，SSD 就是其中一个。SSD 对原始 VGG16 网络做了下列一些改变。

1）将最后的 FC6、FC7 全连接层变为卷积层，卷积层参数通过对原始 FC6、FC7 参数采样得到。

2）将 pool5 层的参数由 $2\times2-s2$（kernel 大小为 2×2，stride size 为 2）更改为 $3\times3-s1-p1$（kernel 大小为 3×3，stride size 为 1，padding size 为 1）。

3）在 conv4_3、conv7、conv8_2、conv9_2、conv10_2 及 pool11 层后面接了 priorbox 层。priorbox 层的主要作用是根据输入的特征图（feature map）生成一系列的矩形候选框。图 10-1 为 SSD 神经网络（输入图像尺寸是 300×300）的总体结构。

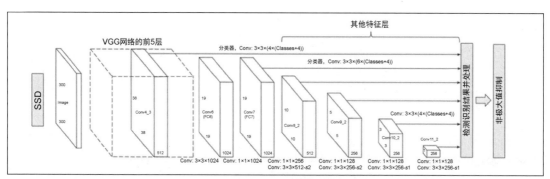

图 10-1　SSD 神经网络的总体结构

图 10-1 中每个矩形框代表一个卷积层，最后两个矩形框分别表示汇总各卷积层输出结果和后处理阶段。在预测阶段，网络会输出一组候选矩形框，每个矩形框中包含位置和类别得分。图 10-1 中倒数第二个矩形框表示网络的检测结果的汇总处理。由于候选矩形框数量较多且很多矩形框重叠严重，因此需要经过后处理来筛选出质量较高的少数矩形框，主要方法有非极大值抑制。

从 SSD 的网络结构可以看出，候选矩形框在多个特征图上生成，不同的特征图具有的感受也不同，这样可以在不同尺度扫描图像，相对于其他检测方法可以生成更丰富的候选框，从而提高检测精度。另外，SSD 对 VGG16 的扩展部分以较小的代价实现对候选框的位置和类别得分的计算，整个过程只需要一个卷积神经网络就可以完成，速度较快。

如上所述，SSD 使用 VGG16 作为基础网络进行图像特征提取，因此要先定义一个 VGG16 神经网络模型。

```
# 卷积神经网络
def conv_group(stack_num, name_list, input, filter_size_list, num_channels,
               num_filters_list, stride_list, padding_list,
               common_bias_attr, common_param_attr, common_act):
    conv = input
    in_channels = num_channels
    for i in xrange(stack_num):
        conv = paddle.layer.img_conv(
            name=name_list[i],
```

```
            input=conv,
            filter_size=filter_size_list[i],
            num_channels=in_channels,
            num_filters=num_filters_list[i],
            stride=stride_list[i],
            padding=padding_list[i],
            bias_attr=common_bias_attr,
            param_attr=common_param_attr,
            act=common_act)
        in_channels = num_filters_list[i]
    return conv


# VGG16 神经网络
def vgg_block(idx_str, input, num_channels, num_filters, pool_size,
              pool_stride, pool_pad):
    layer_name = "conv%s_" % idx_str
    stack_num = 3
    name_list = [layer_name + str(i + 1) for i in xrange(3)]

    conv = conv_group(stack_num, name_list, input, [3] * stack_num,
                      num_channels, [num_filters] * stack_num,
                  [1] * stack_num, [1] * stack_num, default_bias_attr,
                      get_param_attr(1, default_l2regularization),
                      paddle.activation.Relu())

    pool = paddle.layer.img_pool(
        input=conv,
        pool_size=pool_size,
        num_channels=num_filters,
        pool_type=paddle.pooling.CudnnMax(),
        stride=pool_stride,
        padding=pool_pad)
    return conv, pool
```

下面将最后的 FC6、FC7 全连接层变为卷积层，卷积层参数通过对原始 FC6、FC7 参数采样得到。

```
fc7 = conv_group(stack_num, ['fc6', 'fc7'], pool5, [3, 1], 512, [1024] *
                 stack_num, [1] * stack_num, [1, 0], default_bias_attr,
                 get_param_attr(1, default_l2regularization),
                 paddle.activation.Relu())
```

下面将 pool5 层的参数由 $2 \times 2 - s2$（kernel 大小为 2×2，stride size 为 2）更改为 $3 \times 3 - s1 - p1$

（kernel 大小为 3×3，stride size 为 1，padding size 为 1）。

```python
def mbox_block(layer_idx, input, num_channels, filter_size, loc_filters,
               conf_filters):
    mbox_loc_name = layer_idx + "_mbox_loc"
    mbox_loc = paddle.layer.img_conv(
        name=mbox_loc_name,
        input=input,
        filter_size=filter_size,
        num_channels=num_channels,
        num_filters=loc_filters,
        stride=1,
        padding=1,
        bias_attr=default_bias_attr,
        param_attr=get_param_attr(1, default_l2regularization),
        act=paddle.activation.Identity())

    mbox_conf_name = layer_idx + "_mbox_conf"
    mbox_conf = paddle.layer.img_conv(
        name=mbox_conf_name,
        input=input,
        filter_size=filter_size,
        num_channels=num_channels,
        num_filters=conf_filters,
        stride=1,
        padding=1,
        bias_attr=default_bias_attr,
        param_attr=get_param_attr(1, default_l2regularization),
        act=paddle.activation.Identity())
    return mbox_loc, mbox_conf
```

最后需要获取训练和预测时使用的损失函数并检查输出层。

```python
if mode == 'train' or mode == 'eval':
    bbox = paddle.layer.data(
        name='bbox', type=paddle.data_type.dense_vector_sequence(6))
    loss = paddle.layer.multibox_loss(
        input_loc=loc_loss_input,
        input_conf=conf_loss_input,
        priorbox=mbox_priorbox,
        label=bbox,
        num_classes=cfg.CLASS_NUM,
        overlap_threshold=cfg.NET.MBLOSS.OVERLAP_THRESHOLD,
```

```
            neg_pos_ratio=cfg.NET.MBLOSS.NEG_POS_RATIO,
            neg_overlap=cfg.NET.MBLOSS.NEG_OVERLAP,
            background_id=cfg.BACKGROUND_ID,
            name="multibox_loss")
        paddle.evaluator.detection_map(
            input=detection_out,
            label=bbox,
            overlap_threshold=cfg.NET.DETMAP.OVERLAP_THRESHOLD,
            background_id=cfg.BACKGROUND_ID,
            evaluate_difficult=cfg.NET.DETMAP.EVAL_DIFFICULT,
            ap_type=cfg.NET.DETMAP.AP_TYPE,
            name="detection_evaluator")
        return loss, detection_out
    elif mode == 'infer':
        return detection_out
```

上面的关于 SDD 的代码只是主要的代码段，如果想深入理解代码，那么可以阅读源代码中名为 vgg_ssd_net.py 的神经网络的代码。关于 SSD 神经网络的介绍就到这里，如果读者想更加深入地了解 SSD 神经网络，那么可以阅读关于 SSD 的一篇论文 "SSD: Single Shot Multibox Detector"。

10.5　训练模型

为了创建训练器，首先要创建优化方法。其次，要获取损失函数，损失函数通过调用 vgg_ssd_net.py 来定义。然后，通过损失函数训练参数，如果有训练好的模型，可以使用训练好的模型。最终，创建训练器。代码如下。

```
# 创建优化方法
optimizer = paddle.optimizer.Momentum(
    momentum=cfg.TRAIN.MOMENTUM,
    learning_rate=cfg.TRAIN.LEARNING_RATE,
    regularization=paddle.optimizer.L2Regularization(
        rate=cfg.TRAIN.L2REGULARIZATION),
    learning_rate_decay_a=cfg.TRAIN.LEARNING_RATE_DECAY_A,
    learning_rate_decay_b=cfg.TRAIN.LEARNING_RATE_DECAY_B,
    learning_rate_schedule=cfg.TRAIN.LEARNING_RATE_SCHEDULE)

# 通过神经网络模型获取损失函数和额外层
cost, detect_out = vgg_ssd_net.net_conf('train')
# 通过损失函数创建训练参数
```

```
parameters = paddle.parameters.create(cost)
# 如果有训练好的模型，可以使用训练好的模型再训练
if not (init_model_path is None):
    assert os.path.isfile(init_model_path), 'Invalid model.'
    parameters.init_from_tar(gzip.open(init_model_path))
# 创建训练器
trainer = paddle.trainer.SGD(cost=cost,
                             parameters=parameters,
                             extra_layers=[detect_out],
                             update_equation=optimizer)
```

接下来开始训练。对于单纯训练（不涉及数据保存与处理），这种训练是没有意义的。因此，下面要定义一个训练事件，让它在训练过程中保存我们需要的模型参数，同时输出一些日志信息，方便查看训练的效果。定义训练事件处理程序的代码如下。

```
# 定义训练事件处理程序
def event_handler(event):
    if isinstance(event, paddle.event.EndIteration):
        if event.batch_id % 1 == 0:
            print "\nPass %d, Batch %d, TrainCost %f, Detection mAP=%f" % \
                    (event.pass_id,
                     event.batch_id,
                     event.cost,
                     event.metrics['detection_evaluator'])
        else:
            sys.stdout.write('.')
            sys.stdout.flush()

    if isinstance(event, paddle.event.EndPass):
        with gzip.open('../models/params_pass.tar.gz', 'w') as f:
            trainer.save_parameter_to_tar(f)
        result = trainer.test(reader=dev_reader, feeding=feeding)
        print "\nTest with Pass %d, TestCost: %f, Detection mAP=%g" % \
                (event.pass_id,
                 result.cost,
                 result.metrics['detection_evaluator'])
```

然后就可以进行训练了。代码如下。

```
# 开始训练
trainer.train(
    reader=train_reader,
    event_handler=event_handler,
```

```
        num_passes=cfg.TRAIN.NUM_PASS,
        feeding=feeding)
```

具体调用方法如下。其中 train_file_list 为训练数据；dev_file_list 为测试数据；data_args 为数据集的设置；init_model_path 为初始化模型的参数。因为第 4 章提到过 SSD 神经网络很容易出现浮点异常，所以需要一个预训练的模型来提供初始化模型的参数，这里使用的是 PaddlePaddle 官方提供的预训练的模型 vgg_model. tar.gz。

```
if __name__ == "__main__":
    # 初始化 PaddlePaddle
    paddle.init(use_gpu=True, trainer_count=2)
    # 设置数据参数
    data_args = data_provider.Settings(
        data_dir='../data',
        label_file='../data/label_list',
        resize_h=cfg.IMG_HEIGHT,
        resize_w=cfg.IMG_WIDTH,
        mean_value=[104, 117, 124])
    # 开始训练
    train(
        train_file_list='../data/trainval.txt',
        dev_file_list='../data/test.txt',
        data_args=data_args,
        init_model_path='../models/vgg_model.tar.gz')
```

在训练过程中，会输出以下训练日志。

```
Pass 0, Batch 0, TrainCost 17.445816, Detection mAP=0.000000
.............................................................
.....................................
Pass 0, Batch 100, TrainCost 8.544815, Detection mAP=2.871136
.............................................................
.....................................
Pass 0, Batch 200, TrainCost 7.434404, Detection mAP=3.337185
.............................................................
.....................................
Pass 0, Batch 300, TrainCost 7.404398, Detection mAP=7.070700
.............................................................
.....................................
Pass 0, Batch 400, TrainCost 7.023655, Detection mAP=3.080483
```

这里还要说明一下当前的运行环境。由于在本章的示例中以硬编码方式使用

cuDNN，并且只能使用 GPU 来训练这个模型，因此读者需要在有 GPU 的机器上运行。这里我们同样使用百度云的 GPU 集群，其配置信息如下。

使用 paddle version 命令查看 PaddlePaddle 的版本，输出如下。

```
PaddlePaddle 0.11.0, compiled with
    with_avx: ON
    with_gpu: ON
    with_mkl: OFF
    with_mkldnn: OFF
    with_double: OFF
    with_python: ON
    with_rdma: OFF
    with_timer: OFF
```

- 使用 cat /usr/local/cuda/include/cudnn.h | grep CUDNN_MAJOR -A 2命令查看 cuDNN 的版本信息，输出如下。

```
#define CUDNN_MAJOR       5
#define CUDNN_MINOR       1
#define CUDNN_PATCHLEVEL 10
--
#define CUDNN_VERSION    (CUDNN_MAJOR * 1000 + CUDNN_MINOR * 100 + CUDNN_
PATCHLEVEL)

#include "driver_types.h"
```

- 使用 cat /usr/local/cuda/version.txt 命令查看 CUDA 的版本信息，输出如下。

```
CUDA Version 8.0.61
```

读者的训练环境应与此处一致，避免因为 PaddlePaddle 的版本或者 CUDA 的版本不同而出现版本不兼容的问题。

10.6 评估模型

训练好模型之后，在使用模型进行预测之前，可以对模型进行评估。评估模型的方法与训练时使用到的测试是一样的，只是为了方便单独编写一个文件来评估模型而已。同样，先创建训练器。代码如下。

```
# 通过神经网络模型获取损失函数和额外层
cost, detect_out = vgg_ssd_net.net_conf(mode='eval')
```

```
# 检查模型路径是否正确
assert os.path.isfile(model_path), 'Invalid model.'
# 通过训练好的模型生成参数
parameters = paddle.parameters.Parameters.from_tar(gzip.open(model_path))
# 创建优化方法
optimizer = paddle.optimizer.Momentum()
# 创建训练器
trainer = paddle.trainer.SGD(cost=cost,
                            parameters=parameters,
                            extra_layers=[detect_out],
                            update_equation=optimizer)
```

接下来，去掉训练过程，只留下测试部分。代码如下。

```
# 定义数据层之间的关系
feeding = {'image': 0, 'bbox': 1}
# 生成要训练的数据
reader = paddle.batch(
    data_provider.test(data_args, eval_file_list), batch_size=batch_size)
# 获取测试结果
result = trainer.test(reader=reader, feeding=feeding)
# 输出模型的测试信息
print "TestCost: %f, Detection mAP=%g" % \
    (result.cost, result.metrics['detection_evaluator'])
```

具体调用方法如下。可以看到使用的数据集还是我们在训练时使用的测试数据，接下来要评估的模型就是我们训练之后保存的模型文件。

```
if __name__ == "__main__":
    paddle.init(use_gpu=True, trainer_count=2)
    # 设置数据参数
    data_args = data_provider.Settings(
        data_dir='../data',
        label_file='../data/label_list',
        resize_h=cfg.IMG_HEIGHT,
        resize_w=cfg.IMG_WIDTH,
        mean_value=[104, 117, 124])
    # 开始评估
    eval(eval_file_list='../data/test.txt',
        batch_size=4,
        data_args=data_args,
        model_path='../models/params_pass.tar.gz')
```

评估模型输出的日志如下。

```
TestCost: 7.185788, Detection mAP=1.07462
```

10.7　预测数据

训练完成之后，预测一下图像，然后把它显示出来，以查看预测的结果如何，这其实是一件很有趣的事情。

10.7.1　预测并保存预测结果

获得模型参数之后，就可以使用它来进行目标检测，如对图 10-2 进行目标检测。

图 10-2　预测前的图像

我们在神经网络中获取用于预测的 detection 层，然后加载模型参数。接下来读取数据，在读取数据时使用了 data_provider.py 定义读取数据的方式。最后，进行预测并获取结果。用于预测的代码如下。

```
# 通过网络模型获取输出层
detect_out = vgg_ssd_net.net_conf(mode='infer')
# 检查模型路径是否正确
assert os.path.isfile(model_path), 'Invalid model.'
# 加载训练好的参数
parameters = paddle.parameters.Parameters.from_tar(gzip.open(model_path))
# 获取预测器
inferer = paddle.inference.Inference(
    output_layer=detect_out, parameters=parameters)
# 获取预测数据
```

```
reader = data_provider.infer(data_args, eval_file_list)
all_fname_list = [line.strip() for line in open(eval_file_list).readlines()]

# 获取预测结果
infer_res = inferer.infer(input=infer_data)
```

获得预测结果之后，可以将预测的结果保存到一个文件中，以方便之后使用这些数据。

```
# 获取图像的 idx
img_idx = int(det_res[0])
# 获取图像的标签
label = int(det_res[1])
# 获取预测的得分
conf_score = det_res[2]
# 获取目标的框
xmin = det_res[3] * img_w[img_idx]
ymin = det_res[4] * img_h[img_idx]
xmax = det_res[5] * img_w[img_idx]
ymax = det_res[6] * img_h[img_idx]
# 将预测结果写入文件中
fout.write(fname_list[img_idx] + '\t' + str(label) + '\t' + str(
    conf_score) + '\t' + str(xmin) + ' ' + str(ymin) + ' ' + str(xmax) +
        ' ' + str(ymax))
fout.write('\n')
```

具体调用方法如下。其中 eval_file_list 是要预测的数据的路径文件；save_path 是保存预测结果的路径；resize_h 和 resize_w 分别指定图像的高度与宽度；batch_size 只能设置为 1（否则会导致数据丢失）；model_path 是指模型的路径；threshold 是指筛选的最低得分。通过执行这个 main 函数就可以预测数据了。

```
if __name__ == "__main__":
    paddle.init(use_gpu=True, trainer_count=2)
    # 设置数据参数
    data_args = data_provider.Settings(
        data_dir='../images',
        label_file='../data/label_list',
        resize_h=cfg.IMG_HEIGHT,
        resize_w=cfg.IMG_WIDTH,
        mean_value=[104, 117, 124])
    # 开始预测,batch_size 只能设置为 1, 否则会导致数据丢失
    infer(
```

```
        eval_file_list='../images/infer.txt',
        save_path='../images/infer.res',
        data_args=data_args,
        batch_size=1,
        model_path='../models/params_pass.tar.gz',
        threshold=0.3)
```

预测的结果会保存在 images/infer.res 中，如下所示，每一行对应一个目标框，格式为："图像的路径 分类的标签 目标框的得分 xmin ymin xmax ymax"。因为每幅图像可以有多个类别，所以会有多个框。

```
infer/00001.jpg    7    0.7000513    287.25091552734375 265.18829345703125
599.12451171875 539.6732330322266
infer/00002.jpg    7    0.53912574    664.7453212738037 240.53946733474731
1305.063714981079 853.0169785022736
infer/00002.jpg    11    0.6429965    551.6539978981018 204.59033846855164
1339.9816703796387 843.807926774025
infer/00003.jpg    12    0.7647844    133.20248904824257 45.33928334712982
413.9954067468643 266.06680154800415
infer/00004.jpg    12    0.66517526    117.327481508255 251.13083073496819
550.8465766906738 665.4091544151306
```

通过这个预测程序，可以把目标的位置和大小都预测出来，同时也可以对它们分类。如果读者想进行单图像多分类，那么也可以使用这种方式来做预测。

10.7.2 显示画出的框

根据以上的数据文件，还不能很直观地看到预测的结果。因此，可以编写一个程序，让它在原图像上画出预测出来的框，这样就可以更加直观地看到结果了。下面编写一个 show_infer_image.py 程序来专门在原图上显示预测的结果，主要根据预测结果的坐标，使用绿色框画出来。核心代码如下。

```
# 读取每张图像
for img_path in all_img_paht:
    im = cv2.imread('../images/' + img_path)
    # 为每张图像画上框
    for label_1 in all_labels:
        label_img_path = label_1[0]
        # 判断是否是同一路径
        if img_path == label_img_path:
            xmin, ymin, xmax, ymax = label_1[3].split(' ')
```

```
        # 类型转换
        xmin = float(xmin)
        ymin = float(ymin)
        xmax = float(xmax)
        ymax = float(ymax)
        # 画框
        cv2.rectangle(im, (int(xmin), int(ymin)), (int(xmax), int(ymax)),
(0, 255, 0), 3)
    # 保存画好的图像
    names = img_path.strip().split('/')
    name = names[len(names)-1]
    cv2.imwrite('../images/result/%s' % name, im)
```

最后，在入口处调用 show()函数就可以了。代码如下。

```
if __name__ == '__main__':
    # 预测的图像路径文件
    img_path_list = '../images/infer.txt'
    # 预测结果的文件路径
    result_data_path = '../images/infer.res'
    # 保存画好的图像路径
    save_path = '../images/result'
    show(img_path_list, result_data_path, save_path)
```

在运行上面的程序的时候，会把画好框的图像存放在 iamges/result 中。图 10-3 就是一幅已经根据预测结果画出框之后的图像。

图 10-3　根据预测结果画出框之后的图像

经过上面的训练和预测，从图 10-3 的结果中可以看到两个框，我们知道最大的那个框是不正确的。如果让模型继续收敛，那么可以让预测更加准确。或者，把预测时的参数 threshold 设置得更高。因为预测的时候会出现很多预测的结果，所以这个 threshold 参数用于筛选掉得分低于这个分值的预测结果，把大于这个得分的结果留下来。

10.8 小结

　　本章介绍了一个新的神经网络模型 SSD，我们使用这个神经网络模型训练了 VOC 数据集，并成功预测了自己的数据图像。我们发现 SSD 不仅可以用于目标检测，同时还可以用于分类。这种模型最大的特点是可以用于单图像多分类。其实，SSD 还可以做一些视频上的目标跟踪。在一些科幻片中，经常会看到这样的一种情景，计算机发现一个目标，然后一直跟踪这个目标的运动。其实深入学习本章的内容后也可以实现这种效果。目标检测的应用场景非常多，除了上面提到的场景之外，还有人脸检测等。在这些场景中，通常会使用我们自己的数据集。下一章就介绍如何使用 SSD 神经网络训练自定义数据集。下一章将会使用车牌数据集来标注并做训练。为什么是车牌数据集呢？下一章会详细说明。

第 11 章　通过自定义图像数据集实现目标检测

11.1　引言

在第 10 章中，使用了 SSD 神经网络来训练 VOC 数据集，而且实现了从一张图片中将小猫检测出来，并对它们进行了标记。第 10 章使用的数据集都是一些开源的数据集，其实用户可以自定义数据集，然后使用自定义的数据集来训练自己的模型，最后满足实际开发的需求。本章将会介绍如何使用自定义的图像数据集来实现目标检测，我们使用的数据集是第 9 章中提到的车牌数据集。

本章代码参见 GitHub 的 yeyupiaoling 主页里 BookSource 中的 chapter11。测试环境是 Python 2.7 和 PaddlePaddle 0.11.0（GPU 版本）。

11.2　数据集

在本章中，我们使用的数据集是自然场景下的车牌。为什么使用车牌数据集来作为我们这次训练的数据集呢？不知道读者是否还记得在第 9 章中使用的车牌是如何定位并裁剪的？我们当时在 OpenCV 中经过多重的图像处理才实现车牌定位，而且定位的效果比较差，有不少是定位范围过大，甚至有些根本定位不到。在本章中，我们尝试使用神经网络来定位车牌位置，这种方式比使用 OpenCV 要可靠很多。

11.2.1　下载车牌数据

同样，先编写一个 DownloadImages.py 程序，让它从网络上下载车牌数据，以提供数据集进行训练。读者可以根据自己的实际情况下载相应的训练数据，当然，这里并不是下载的图像越多越好，因为下载完图像之后还有一个很艰巨的任务——标注任务。下载车牌图像的程序的核心代码如下。

```python
def start_download(self):
    self.download_sum = 0
    gsm = 80
    str_gsm = str(gsm)
    pn = 0
    if not os.path.exists(self.save_path):
        os.makedirs(self.save_path)
    while self.download_sum < self.download_max:
        str_pn = str(self.download_sum)
        url = 'http://百度图片网站网址/search/flip?tn=baiduimage&ie=utf-8&' \
              'word=' + self.key_word + '&pn=' + str_pn + '&gsm=' + str_gsm + '
              &ct=&ic=0&lm=-1&width=0&height=0'
        print url
        result = requests.get(url)
        self.downloadImages(result.text)
    print '下载完成'
```

11.2.2 重命名图像

下载好的图像会存放在 data/plate_number/images/中，其中下载的数据有些可能不是车牌图像，又或者是无效的图像，因此需要先把它们删除。然后，为了让数据集更符合 VOC 数据集的格式要求，要对图像进行重命名。在 VOC 数据集中，图像的名称是由 6 位数字组成的，并从 000001 开始递增，因此需要按照这样的命名方式编写一个 rename_images.py 程序。该程序的代码如下。

```python
import os

def rename(images_dir):
    # 获取所有图像
    images = os.listdir(images_dir)
    i = 1
    for image in images:
        src_name = images_dir + image
        # 以 6 位数字命名，符合 VOC 数据集格式
        name = '%06d.jpg' % i
        dst_name = images_dir + name
        os.rename(src_name,dst_name)
        i += 1
```

```
    print '重命名完成'

if __name__ == '__main__':
    # 要重命名的文件所在的路径
    images_dir = '../data/plate_number/images/'
    rename(images_dir)
```

11.3 标注数据集

图像数据已经下载完，并按照要求重命名它们，但是还缺少一个非常重要的标注信息，这些标注信息用于说明该图像的类别和这个类别所处的位置。在 VOC 数据集中，每张图像的标注信息是存放在 XML 文件中的，并且命名方式与图像名是一样的（除了扩展名之外），因此要生成标注信息文件。上文提到过，下载图像数据后还有一个比较艰巨的任务，也就是标注任务。当然，这样复杂的工作肯定要通过一个程序来协助完成，我们使用的是 LabelImg。下面就介绍如何使用 LabelImg 标注图像。

11.3.1　安装 LabelImg

在使用 LabelImg 之前，需要先安装它。在 Ubuntu 16.04 上安装 LabelImg 非常简单，通过几行命令就可以实现。

```
# 获取管理员权限
sudo su
# 安装依赖库
apt-get install pyqt4-dev-tools
pip install lxml
# 安装 LabelImg
pip install labelImg
# 退出管理员权限
exit
# 运行 labelImg
labelImg
```

11.3.2　使用 LabelImg

安装完 LabelImg 之后，运行该程序，主界面如图 11-1 所示。

然后单击 Open Dir 打开图像所在的文件夹 data/plate_number/images/，这样就可以加载所有的图像，加载图像后的界面如图 11-2 所示。

图 11-1 LabelImg 的界面

图 11-2 加载数据之后的界面

　　这里不要急于标注图像，要先设置标注文件存放的位置。单击 Change Save Dir 选择标注文件存放的位置 data/plate_number/annotation/，这次设置之后就不用每次都选择保存路径了，这样标注的速度会快很多。然后，单击 Create RectBox 标注车牌的位置，并贴上标签 plate_number。注意，不要忘记保存标注文件。单击 Save，就会以图像的名称命名标注文件并保存。然后，就可以单击 Next Image 标注下一幅图像。标注过程如图 11-3 所示。

图 11-3　标注数据

　　通过上面的标注操作，会为每一张图像生成一个标注文件。标注的文件信息如下。它符合 VOC 数据集格式要求，其中主要的信息是 xmin、ymin、xmax 和 ymax，这些信息用于标注车牌的位置。另外，name 标签是指该标注信息的分类名称。

```
<annotation>
    <folder>images</folder>
    <filename>000001.jpg</filename>
    <path>/home/yeyupiaoling/data/plate_number/images/000001.jpg</path>
    <source>
        <database>Unknown</database>
    </source>
    <size>
        <width>750</width>
        <height>562</height>
        <depth>3</depth>
    </size>
    <segmented>0</segmented>
    <object>
        <name>plate_number</name>
        <pose>Unspecified</pose>
        <truncated>0</truncated>
        <difficult>0</difficult>
        <bndbox>
```

```
            <xmin>225</xmin>
            <ymin>298</ymin>
            <xmax>560</xmax>
            <ymax>405</ymax>
        </bndbox>
    </object>
</annotation>
```

11.3.3　生成图像列表

有了图像和图像的标注文件，还需要两个图像列表，即训练图像列表 trainval.txt 和测试图像列表 test.txt。注意，本章中数据集的结构与第 10 章相应的结构不一样，因此生成图像列表的程序也不一样。

下面编写一个 prepare_voc_data.py 程序来为这些图像和标注文件生成一个列表。首先要读取所有的图像和标注文件，并将它们一一对应。

```python
for images in all_images:
    trainval = []
    test = []
    if data_num % 10 == 0:
        # 从 10 张图像中取一张作为测试数据
        name = images.split('.')[0]
        annotation = os.path.join(annotation_path, name + '.xml')
        # 如果该图像的标注文件不存在，就不把它添加到图像列表中
        if not os.path.exists(annotation):
            continue
        test.append(os.path.join(images_path, images))
        test.append(annotation)
        # 添加到总的测试数据中
        test_list.append(test)
    else:
        # 以其他的图像作为训练数据
        name = images.split('.')[0]
        annotation = os.path.join(annotation_path, name + '.xml')
        # 如果该图像的标注文件不存在，就不把它添加到图像列表中
        if not os.path.exists(annotation):
            continue
        trainval.append(os.path.join(images_path, images))
        trainval.append(annotation)
        # 添加到总的训练数据中
```

```
            trainval_list.append(trainval)
        data_num += 1
```

然后把图像的路径和标注信息文件的路径写入图像列表文件中。为了使得训练数据具备随机性，使用 random.shuffle() 函数将训练的数据集打乱。

```
# 打乱训练数据
random.shuffle(trainval_list)
# 保存训练图像列表
with open(os.path.join(output_dir, 'trainval.txt'), 'w') as ftrainval:
    for item in trainval_list:
        ftrainval.write(item[0] + ' ' + item[1] + '\n')
# 保存测试图像列表
with open(os.path.join(output_dir, 'test.txt'), 'w') as ftest:
    for item in test_list:
        ftest.write(item[0] + ' ' + item[1] + '\n')
```

11.4　训练模型

有了图像数据和标注文件，也有了图像列表，就可以准备训练模型了。在训练之前，还要修改一下配置文件 pascal_voc_conf.py，把类别改成 2，因为我们只有车牌和背景图像，所以只有两个类别。

```
# 图像的分类数
__C.CLASS_NUM = 2
```

11.4.1　预训练模型处理

如果直接训练，那么会出现浮点异常。因为 SSD 本来就很容易出现浮点异常，所以需要一个预训练的模型来初始化训练模型。这次使用的模型同样是官方预训练的模型 vgg_model.tar.gz，但是不能直接使用，还要删除一些没用的文件。因为这里的类别数量与第 10 章的 VOC 数据集的类别不一样，如果直接使用，就会报错。官方预训练的模型的部分文件如图 11-4 所示。

我们要把文件名中包含 mbox 的文件都删除，这样这个模型才可以成为我们使用的初始化模型。可以首先解压这个模型的参数文件，然后找到需要删除的文件并删除，再压缩这些模型参数。要注意的是，这些文件都在一级目录下，在压缩时不要出错。

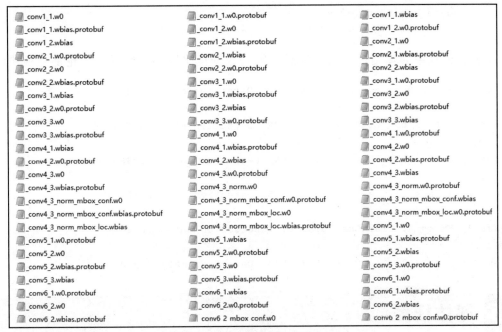

图 11-4 预训练模型的部分文件

11.4.2 开始训练

因为使用的神经网络仅支持 CUDA GPU 环境，所以只能使用 GPU 来进行训练。train_file_list 是训练图像列表文件的路径，dev_file_list 是测试图像列表文件的路径，data_args 是数据集的设置信息，init_model_path 是使用预训练的模型初始化训练参数的模型。

```python
if __name__ == "__main__":
    # 初始化 PaddlePaddle
    paddle.init(use_gpu=True, trainer_count=2)
    # 设置数据参数
    data_args = data_provider.Settings(
        data_dir='../data',
        label_file='../data/label_list',
        resize_h=cfg.IMG_HEIGHT,
        resize_w=cfg.IMG_WIDTH,
        mean_value=[104, 117, 124])
    # 开始训练
    train(
        train_file_list='../data/trainval.txt',
        dev_file_list='../data/test.txt',
```

```
        data_args=data_args,
        init_model_path='../models/vgg_model.tar.gz')
```

在训练过程中会输出以下日志信息，因为数据集比较小，所以每一轮都是很快的。

```
Pass 0, Batch 0, TrainCost 16.567970, Detection mAP=0.014627
......
Test with Pass 0, TestCost: 8.723172, Detection mAP=0.00609719

Pass 1, Batch 0, TrainCost 7.185760, Detection mAP=0.239866
......
Test with Pass 1, TestCost: 6.301503, Detection mAP=60.357

Pass 2, Batch 0, TrainCost 6.052617, Detection mAP=32.094097
......
Test with Pass 2, TestCost: 5.375503, Detection mAP=48.9882
```

11.5　评估模型

用户可以评估训练好的模型，以了解模型收敛的情况。在评估时使用的参数如下。

- eval_file_list：指定用来评估模型的数据集，这里使用的是测试数据集。
- batch_size：用于设置批的大小。
- data_args：表示数据集的设置信息。
- model_path：用于指定要评估模型的路径。

```
if __name__ == "__main__":
    paddle.init(use_gpu=True, trainer_count=2)
    # 设置数据参数
    data_args = data_provider.Settings(
        data_dir='../data',
        label_file='../data/label_list',
        resize_h=cfg.IMG_HEIGHT,
        resize_w=cfg.IMG_WIDTH,
        mean_value=[104, 117, 124])
    # 开始评估
    eval(eval_file_list='../data/test.txt',
        batch_size=4,
        data_args=data_args,
        model_path='../models/params_pass.tar.gz')
```

评估输出的结果如下。

TestCost: 1.813083, Detection mAP=90.5595

11.6 预测图片

要进行预测，先要找几张含有车牌的图像作为预测的数据。我们首先在网络上下载几张之前没有使用的图像，然后把它们存放在 images/infer/ 目录中，并在 images/ infer.txt 文件中写入它们的路径，如下所示。

```
infer/000001.jpg
infer/000002.jpg
infer/000003.jpg
infer/000004.jpg
infer/000005.jpg
infer/000006.jpg
```

11.6.1 获取预测结果

通过调用预测函数就可以获取预测结果，并且把预测结果存放在 images/infer.res 中。

```python
if __name__ == "__main__":
    paddle.init(use_gpu=True, trainer_count=2)
    # 设置数据参数
    data_args = data_provider.Settings(
        data_dir='../images',
        label_file='../data/label_list',
        resize_h=cfg.IMG_HEIGHT,
        resize_w=cfg.IMG_WIDTH,
        mean_value=[104, 117, 124])
    # 开始预测,batch_size 只能设置为 1，否则会导致数据丢失
    infer(
        eval_file_list='../images/infer.txt',
        save_path='../images/infer.res',
        data_args=data_args,
        batch_size=1,
        model_path='../models/params_pass.tar.gz',
        threshold=0.3)
```

在上述代码中，注意以下几点。

- eval_file_list 指定用于预测的数据集，就是上面获得的图像路径。
- save_path 用于指定保存预测结果的路径，预测的结果会存放在这个文件中。

- batch_size 用于指定批的大小。
- data_args 是数据集的设置信息。
- model_path 用于指定要使用的模型的路径。
- threshold 用于指定筛选的最低得分。

保存预测结果的文件格式是"图像的路径　分类的标签　目标框的得分　xmin　ymin xmax ymax",具体如下。

```
infer/000001.jpg        0         0.9999114 357.44736313819885 521.2164137363434
750.5996704101562 648.5584638118744
infer/000002.jpg        0         0.9970805 102.86840772628784 94.18213963508606
291.60091638565063 155.58562874794006
infer/000003.jpg        0         0.7187747 222.9731798171997 168.14028024673462
286.6227865219116 194.68939304351807
infer/000004.jpg        0         0.9988129 197.94835299253464 177.8149015903473
285.8962297439575 218.93768119812012
infer/000005.jpg        0         0.9149439 98.09065014123917 288.86341631412506
237.42297291755676 331.9027876853943
infer/000005.jpg        0         0.9114895 544.3056106567383 235.35346180200577
674.311637878418 283.9097347855568
infer/000006.jpg        0         0.92390853 265.203565120697 277.6864364147186
412.7485656738281 344.3739159107208
```

11.6.2　显示预测结果

预测结果是一串数据。程序员可能知道这些数据表示什么,但是其他用户可能并不清楚这些数据的含义,因此编写一个 show_infer_image.py 程序,让它把每张图像中的车牌框出来。该程序的核心代码如下。

```
# 读取每张图像
for img_path in all_img_paht:
    im = cv2.imread('../images/' + img_path)
    # 为每张图像画上框
    for label_1 in all_labels:
        label_img_path = label_1[0]
        # 判断是否是同一路径
        if img_path == label_img_path:
            xmin, ymin, xmax, ymax = label_1[3].split(' ')
            # 类型转换
            xmin = float(xmin)
            ymin = float(ymin)
```

```
            xmax = float(xmax)
            ymax = float(ymax)
            # 画框
            cv2.rectangle(im,(int(xmin),int(ymin)),(int(xmax),int(ymax)),(0,255,0),3)
        # 保存画好的图像
        names = img_path.strip().split('/')
        name = names[len(names)-1]
        cv2.imwrite('../images/result/%s' % name, im)
```

最后，在入口处调用 show()函数就可以了。画好框的图像都会保存到 images/ result/ 目录中，代码如下。

```
if __name__ == '__main__':
    # 需要预测的图像路径
    img_path_list = '../images/infer.txt'
    # 预测结果的文件路径
    result_data_path = '../images/infer.res'
    # 保存画好的图像路径
    save_path = '../images/result'
    show(img_path_list, result_data_path, save_path)
```

如图 11-5 和图 11-6 所示，用户可以将预测前后的两张图像进行对比，以查看预测结果。

图 11-5 预测前的图像

图 11-6 预测后的图像

从上面的预测结果来看，效果还是不错的，在预测后的图像中，在车牌上加了框。如果我们使用本章训练好的模型来定位第 9 章中的车牌数据集，那么操作将会变得很方便。我们只要把所有要定位与裁剪的图像交给这个模型预测程序，就可以根据这些预测结果直接裁剪图像。若读者对这种批量处理的程序非常感兴趣，就可以尝试使用本章训练好的模型来定位图片中车牌的位置，并裁剪下来作为识别车牌的原始数据。

11.7　小结

　　本章介绍了如何使用 SSD 神经网络模型来训练车牌数据集。首先下载原始图像，然后使用 LabelImg 工具来标注车牌数据集，最后进行训练和预测。本章介绍了如何标注数据集。这种数据集标注工作的需求是非常多的，因为在训练数据之前一般都要标注数据。另外，本章介绍了如何修改预训练的模型来初始化训练的参数，从而避免浮点异常。到本章为止，本书介绍了好几个神经网络模型，这些模型都是在计算机视觉方面比较常用的神经网络模型，同时应用的场景也比较广泛。如果读者想在计算机视觉方向深入学习，一定要仔细理解这些神经网络模型和相关领域的应用场景。在本章之后，我们将不再继续介绍新的神经网络模型，而是介绍深度学习的辅助工具和在其他应用场景下的使用方式。下一章将会介绍 PaddlePaddle 的新版本 Fluid。

第 12 章　使用 PaddlePaddle Fluid

12.1　引言

本章介绍 PaddlePaddle 的新版本 Fluid 及其用法。同时为了方便读者了解 Fluid 版本和 PaddlePaddle 的 V2 版本的不同点，将在每个重要部分对 Fluid 版本和 V2 版本进行对比，让读者更加直观地了解 Fluid 的新变化及其设计优势。PaddlePaddle 官方也认为 Fluid 版本将会是以后的核心版本，也将会大力开发和推广这一个版本。

本章代码参见 GitHub 的 yeyupiaoling 主页里 BookSource 中的 chapter12。测试环境是 Python 2.7 和 PaddlePaddle 0.13.0。

12.2　Fluid 版本

PaddlePaddle 的 Fluid 版本是在 PaddlePaddle 0.11.0 版本中提出的，Fluid 版本旨在让用户像 PyTorch 和 TensorFlow Eager Execution 一样执行程序。在这些系统中，不再有模型这个概念，应用也不再包含一个用于描述 Operator 图或者一系列层的符号描述，而是像通用程序那样描述训练或者预测的过程。

为什么需要 PaddlePaddle 的 Fluid 版本呢？提出 Fluid 版本的原因有以下几个。

- 为了能够支持潜在的任意机器学习模型。
- 使用 Fluid 版本可以使得代码结构清晰，各模块充分解耦。
- 从框架的设计上，留下技术优化的空间和潜力。
- 代码解耦后降低了多设备支持、计算优化等方面的开发成本。
- 在统一的设计理念下，实现自动伸缩、自动容错的分布式计算。

虽然 Fluid 版本与 PyTorch 和 Eager Execution 类似，但是 Fluid 不依赖 Python 提供

的控制流，如 if-else-then 或者 for，而是提供了基于 C++实现的控制流以及对应的接口。该接口使用 with 语法实现。下面的代码展示了 with 语法。

```
with fluid.program_guard(inference_program):
    test_accuracy = fluid.evaluator.Accuracy(input=out, label=label)

test_target = [avg_cost] + test_accuracy.metrics + test_accuracy.states
    inference_program = fluid.io.get_inference_program(test_target)
```

在 Fluid 版本中，不再使用 trainer 来训练和测试模型，而是使用一个 C++类 Executor 运行一个 Fluid 程序。Executor 类似于一个解释器，Fluid 将会使用这样一个解释器来训练和测试模型，如下所示。

```
loss, acc = exe.run(fluid.default_main_program(),
                    feed=feeder.feed(data),
                    fetch_list=[avg_cost] + accuracy.metrics)
```

这个 Fluid 版本在此之前都没有使用过。接下来，就尝试使用 Fluid 版本，同时对比一下之前所写的程序，以探讨 Fluid 版本的优势。

12.3　定义神经网络

为了方便对比，这次使用的是读者比较熟悉的 VGG16 神经模型和 CIFAR10 数据集。以下代码就是 Paddle Paddle V2 版本（以下简称 V2 版本）和 Fluid 版本的 VGG16 定义，对比它们，看看 Fluid 版本的改进之处。

通过对比，可以看到 img_conv_group 的接口位置已经不一样了，Fluid 的相关接口都在 fluid 中。同时，发现改变最大的是 Fluid 取消了 num_channels（图像的通道数）。

在 Fluid 版本中使用激活函数时不再调用一个函数了，而是传入一个字符串。例如，在 BN 层指定一个 ReLU 激活函数 act='relu'，而在 V2 版本中指定 act=paddle. activation.Relu()。

V2 版本中的 VGG16 定义如下。

```
def vgg_bn_drop(input,class_dim):
    # 定义卷积块
    def conv_block(ipt, num_filter, groups, dropouts, num_channels=None):
        return paddle.networks.img_conv_group(
            input=ipt,
            num_channels=num_channels,
```

```
                      pool_size=2,
                      pool_stride=2,
                      conv_num_filter=[num_filter] * groups,
                      conv_filter_size=3,
                      conv_act=paddle.activation.Relu(),
                      conv_with_batchnorm=True,
                      conv_batchnorm_drop_rate=dropouts,
                      pool_type=paddle.pooling.Max())
    # 定义一个 VGG16 的卷积组
    conv1 = conv_block(input, 64, 2, [0.3, 0], 3)
    conv2 = conv_block(conv1, 128, 2, [0.4, 0])
    conv3 = conv_block(conv2, 256, 3, [0.4, 0.4, 0])
    conv4 = conv_block(conv3, 512, 3, [0.4, 0.4, 0])
    conv5 = conv_block(conv4, 512, 3, [0.4, 0.4, 0])
    # 定义第一个 drop 层
    drop = paddle.layer.dropout(input=conv5, dropout_rate=0.5)
    # 定义第一全连接层
    fc1 = paddle.layer.fc(input=drop, size=512, act=paddle.activation.Linear())
    # 定义 BN 层
    bn = paddle.layer.batch_norm(input=fc1,
                                 act=paddle.activation.Relu(),
                                 layer_attr=paddle.attr.Extra(drop_rate=0.5))
    # 定义第二个全连接层
    fc2 = paddle.layer.fc(input=bn, size=512, act=paddle.activation.Linear())
    # 获取全连接层的输出，获得分类器
    predict = paddle.layer.fc(input=fc2,
                              size=class_dim,
                              act=paddle.activation.Softmax())
    return predict
```

Fluid 版本的 VGG16 定义如下。

```
def vgg16_bn_drop(input):
    # 定义卷积块
    def conv_block(input, num_filter, groups, dropouts):
        return fluid.nets.img_conv_group(
            input=input,
            pool_size=2,
            pool_stride=2,
            conv_num_filter=[num_filter] * groups,
            conv_filter_size=3,
            conv_act='relu',
            conv_with_batchnorm=True,
```

```
                conv_batchnorm_drop_rate=dropouts,
                pool_type='max')
    # 定义一个 VGG16 的卷积组
    conv1 = conv_block(input, 64, 2, [0.3, 0])
    conv2 = conv_block(conv1, 128, 2, [0.4, 0])
    conv3 = conv_block(conv2, 256, 3, [0.4, 0.4, 0])
    conv4 = conv_block(conv3, 512, 3, [0.4, 0.4, 0])
    conv5 = conv_block(conv4, 512, 3, [0.4, 0.4, 0])
    # 定义第一个 drop 层
    drop = fluid.layers.dropout(x=conv5, dropout_prob=0.5)
    # 定义第一个全连接层
    fc1 = fluid.layers.fc(input=drop, size=512, act=None)
    # 定义 BN 层
    bn = fluid.layers.batch_norm(input=fc1, act='relu')
    # 定义第二个 drop 层
    drop2 = fluid.layers.dropout(x=bn, dropout_prob=0.5)
    # 定义第二个全连接层
    fc2 = fluid.layers.fc(input=drop2, size=512, act=None)
    # 获取全连接层的输出，获得分类器
    predict = fluid.layers.fc(
        input=fc2,
        size=class_dim,
        act='softmax',
        param_attr=ParamAttr(name="param1", initializer=NormalInitializer()))
    return predict
```

通过全连接层的输出，可以生成一个分类器。

```
# 定义图像的类别数量
class_dim = 10
# 获取神经网络的分类器
predict = vgg16_bn_drop(image, class_dim)
```

12.4　训练程序

　　接下来介绍一个完整的训练程序，并将会对比之前 V2 版本的开发训练程序，来发现 Fluid 的不同点。Fluid 版本在训练程序方面变化比较大，因此读者有必要细心对比 Fluid 的新变化。因为 Fluid 版本的训练程序在一个主程序中，并以顺序的方式执行，所以在定义数据的时候需要格外注意。

12.4.1 定义数据

在数据定义方式上，Fluid 和之前 V2 版本的定义方式有了很大的差别，比如，不再根据图像的大小定义，而是指定图像的形状（包括通道数），同时指定数据的类型。

V2 版本的定义方式如下。

```
# 获取输入数据的模式
image = paddle.layer.data(name="image",
                          type=paddle.data_type.dense_vector(datadim))
# 获得图片对应的信息标签
label = paddle.layer.data(name="label",
                          type=paddle.data_type.integer_value(type_size))
```

Fluid 版本的定义方式如下。

```
# 定义图像的通道数和大小
image_shape = [3, 32, 32]
# 定义输入数据大小，指定图像的形状，数据类型是浮点型
image = fluid.layers.data(name='image', shape=image_shape, dtype='float32')
# 定义标签，类型是整型
label = fluid.layers.data(name='label', shape=[1], dtype='int64')
```

从上面的代码可以了解到，当 Fluid 定义输入数据时，指定了图像的形状和通道数，因此在定义 VGG16 神经网络模型的时候，并不需要指定输入时通道的大小。

12.4.2 定义平均正确率

在 Fluid 版本中，多了一个名为 batch_acc 的程序，这个程序用于在训练过程或者测试中计算每个批次的平均正确率。这个要定义在优化方法之前。

```
# 每个批次在计算的时候能取到当前批次里面样本的个数，从而求平均的准确率
batch_size = fluid.layers.create_tensor(dtype='int64')
batch_acc = fluid.layers.accuracy(input=predict, label=label, total=batch_size)
```

12.4.3 定义测试程序

在之前的 V2 版本中，我们在训练的时候添加了一个训练事件，通过这个事件还可以在每一轮之后预测数据集，并观察测试集的预测结果。同理，这里也要预测测试集。与之前不同的是，这次要专门定义测试程序。实际上，在主程序中定义一个函数，专门用来做测试，而且这个测试函数要放在优化方法之前，因为测试程序是训练程序的前半

部分（不包括优化器和反向传播）。

```
# 测试程序
inference_program = fluid.default_main_program().clone(for_test=True)
```

12.4.4　定义优化方法

优化方法的定义也有很大不同，Fluid 把学习率的初始值和衰减方法都放在了一起。以下是两个版本的优化方法的定义。注意，以下的优化方法不是本章中使用到的 optimizer，这只是为了方便对比使用的一个优化方法。本章使用的 optimizer 比较简单，但差别不大。

V2 版本中定义的优化方法如下。

```
momentum_optimizer = paddle.optimizer.Momentum(
    momentum=0.9,
    regularization=paddle.optimizer.L2Regularization(rate=0.0002 * 128),
    learning_rate=0.1 / 128.0,
    learning_rate_decay_a=0.1,
    learning_rate_decay_b=50000 * 100,
    learning_rate_schedule='discexp')
```

Fluid 版本中定义的优化方法如下。

```
optimizer = fluid.optimizer.Momentum(
    learning_rate=fluid.layers.exponential_decay(
        learning_rate=learning_rate,
        decay_steps=40000,
        decay_rate=0.1,
        staircase=True),
    momentum=0.9,
    regularization=fluid.regularizer.L2Decay(0.0005), )
opts = optimizer.minimize(loss)
```

从上面的代码可以看出，在 Fluid 版本中，learning_rate、momentum、regularization 已经单独定义，这让程序更加清晰，大大增加了代码的可读性。

12.5　训练模型

在这一步就要开始训练模型了，其实 Fluid 版本和 V2 版本在这一步也是差别非常大的。在之前，首先使用损失函数、初始化的模型参数、优化方法来定义一个训练器，然后使用这个训练器来训练数据，也就是通过传入数据 reader 和训练事件等来训练数据。而在 Fluid 版本中，使用循环训练来完成相应的处理。

12.5.1 定义调试器

12.2 节提到过，在 Fluid 版本中，不会再有 trainer。也就是说，在 V2 版本中使用 trainer.train(...)，而在 Fluid 版本中使用 fluid.Executor(place). Run(...)，因此，在 Fluid 版本中起关键作用的是调试器。调试器的定义如下。

```
# 是否使用 GPU
place = fluid.CUDAPlace(0) if use_cuda else fluid.CPUPlace()
# 创建调试器
exe = fluid.Executor(place)
# 初始化调试器
exe.run(fluid.default_startup_program())
```

如果需要指定 GPU 个数和编号，那么可以在终端输入以下命令。

```
export CUDA_VISIBLE_DEVICES=0,1
```

如果更换了一个终端，那么在使用上述方法时就没有上面的效果了。如果要设计持久化，就要在~/.bashrc 的最后加上以下代码。

```
cudaid=${cudaid_num:=0,1}
export CUDA_VISIBLE_DEVICES=$cudaid
```

12.5.2 获取数据

在读取数据的 reader 方面，Fluid 版本和 V2 版本没有太大区别。这里要说的是 feeder，以下 Fluid 版本的定义和 V2 版本中的定义 feeder = {"image": 0, "label": 1}相比，差距有点大，不过这样代码更加清晰明了。

```
# 获取训练数据
train_reader = paddle.batch(
        paddle.dataset.cifar.train10(), batch_size=BATCH_SIZE)
# 获取测试数据
test_reader = paddle.batch(
        paddle.dataset.cifar.test10(), batch_size=BATCH_SIZE)

# 指定数据和标签的对应关系
feeder = fluid.DataFeeder(place=place, feed_list=[image, label])
```

12.5.3　开始训练

Fluid 版本和 V2 版本在训练方面有很大不同了。在 V2 版本中，使用的是 trainer，通过 num_passes 来指定训练的轮数，而 Fluid 版本中使用一个循环来处理，这样就大大简化了训练过程中的一些操作。而在此之前，使用一个训练事件虽然也可以保存模型或者输出训练日志，但是相对于循环来说，循环用起来比较方便和灵活。以下程序包含在 num_passes 的循环中。

```python
accuracy = fluid.average.WeightedAverage()
test_accuracy = fluid.average.WeightedAverage()
# 开始训练，使用循环的方式来指定训练多少轮
for pass_id in range(num_passes):
# 从训练数据中按照批来读取数据
accuracy.reset()
for batch_id, data in enumerate(train_reader()):
    loss, acc, weight = exe.run(fluid.default_main_program(),
                    feed=feeder.feed(data),
                    fetch_list=[avg_cost, batch_acc, batch_size])
    accuracy.add(value=acc, weight=weight)
    print("Pass {0}, batch {1}, loss {2}, acc {3}".format(
        pass_id, batch_id, loss[0], acc[0]))

# 测试模型
test_accuracy.reset()
for data in test_reader():
    loss, acc, weight = exe.run(inference_program,
                    feed=feeder.feed(data),
                    fetch_list=[avg_cost, batch_acc, batch_size])
    test_accuracy.add(value=acc, weight=weight)

# 输出相关日志
pass_acc = accuracy.eval()
test_pass_acc = test_accuracy.eval()
print("End pass {0}, train_acc {1}, test_acc {2}".format(
    pass_id, pass_acc, test_pass_acc))
```

在训练过程中，会输出如下日志信息。

```
Pass 0, batch 0, loss 16.5825138092, acc 0.09375
Pass 0, batch 1, loss 15.7055978775, acc 0.1484375
Pass 0, batch 2, loss 15.8206882477, acc 0.0546875
```

```
Pass 0, batch 3, loss 14.6004362106, acc 0.1953125
Pass 0, batch 4, loss 14.9484052658, acc 0.1171875
Pass 0, batch 5, loss 13.0915336609, acc 0.078125
```

12.5.4　保存预测模型

同样，用户可以在每一个训练的多轮循环中保存训练模型。当在 Fluid 版本中保存模型时，需要调用 fluid.io 下的 save_inference_model()接口。在 Fluid 版本中，虽然保存模型复杂一些，但是可以给之后的预测带来极大的方便，因为在预测中不需要再定义神经网络模型了，可以直接使用保存好的模型进行预测。另外，Fluid 版本中保存模型的格式与之前的 V2 版本不一样，在 Fluid 版本中保存模型时是不会压缩的。在 Fluid 版本中保存模型的代码如下。

```
# 指定保存模型的路径
model_path = os.path.join(model_save_dir, str(pass_id))
# 如果保存路径不存在，就创建路径
if not os.path.exists(model_save_dir):
    os.makedirs(model_save_dir)
print 'save models to %s' % (model_path)
# 保存预测模型
fluid.io.save_inference_model(model_path, ['image'], [net], exe)
```

在 save_inference_model()接口中，使用的参数如下。

- dirname：用于指定保存模型的文件路径。
- feeded_var_names：用于指定在预测过程中需要用到的数据。
- target_vars：表示得到的预测结果。
- executor：表示保存预测模型的解释器。

V2 版本中保存模型参数的方式如下。

```
with open(save_parameters_name, 'w') as f:
        trainer.save_parameter_to_tar(f)
```

12.6　预测模型

预测模型分为 3 步，分别是获取调试器、加载训练好的模型和获取预测结果。通过这 3 步，预测图像数据。

1.　获取调试器

在预测中，以前的 V2 版本需要使用预测器 infer，而在 Fluid 版本中，还使用调试器。定义调试器的方式如下。

```
# 是否使用 GPU
place = fluid.CUDAPlace(0) if use_cuda else fluid.CPUPlace()
# 生成调试器
exe = fluid.Executor(place)
```

所有的预测都要在这个控制流中执行。

```
inference_scope = fluid.core.Scope()
with fluid.scope_guard(inference_scope):
```

2. 加载训练好的模型

在加载模型方面，Fluid 版本和 V2 版本的差距也很大。在 V2 版本中使用的是
parameters = paddle.parameters.Parameters.from_tar(f)，因为之前使用的是参数。而在 Fluid
版本中没有使用到参数这个概念，同时因为在预测中不用重新加载网络，所以使得加载
模型参数变得非常简单。

```
# 加载模型
[inference_program, feed_target_names,fetch_targets] =
fluid.io.load_inference_model(save_dirname, exe)
```

在 V2 版本中，加载模型参数的方式如下。

```
with open(parameters_path, 'r') as f:
    parameters = paddle.parameters.Parameters.from_tar(f)
```

3. 获取预测结果

关于获取预测结果，Fluid 版本的数据处理与之前的 V2 版本是差不多的，因为
PaddlePaddle 的训练数据就需要这样的格式。

```
# 获取预测结果
img = Image.open(image_file)
img = img.resize((32, 32), Image.ANTIALIAS)
test_data = np.array(img).astype("float32")
test_data = np.transpose(test_data, (2, 0, 1))
test_data = test_data[np.newaxis, :] / 255
```

开始预测并输出结果，使用一个调试器来预测数据。

```
# 开始预测
results = exe.run(inference_program,
                  feed={feed_target_names[0]: test_data},
```

```
                    fetch_list=fetch_targets)
results = np.argsort(-results[0])
# 输出预测结果
print "The images/horse4.png infer results label is: ", results[0][0]
```

在 V2 版本中，获取预测结果的代码如下。

```
# 获得预测结果
probs = paddle.infer(output_layer=out,
                     parameters=parameters,
                     input=test_data)
```

最后，在 main 函数中调用预测函数。

```
if __name__ == '__main__':
    image_file = '../images/horse4.png'
    model_path = '../models/0/'
    infer(image_file, False, model_path)
```

输出的预测结果如下。

```
The images/horse4.png infer results label is:  7
```

到这里，我们已经介绍完了 Fluid 版本的使用。在 Fluid 版本中，引入了 Execution（调试器），训练程序和预测程序都是在这一个调试器中完成的。在训练中，训练的轮数是用循环来控制的，然后在这个循环中训练程序。在这个循环中，用户可以更灵活地做自己的事情。在预测部分，用户不用再关心模型的定义，可以直接加载保存的模型来预测图像，非常方便。

12.7 小结

本章介绍了 PaddlePaddle 的新版本 Fluid。在介绍 Fluid 版本的同时，还对比了 V2 版本的对应操作，这样用户就会深刻理解 Fluid 版本的不同点和使用灵活性。因为 Fluid 版本的灵活性，所以它可以支持之后有可能出现的其他类型的模型。而 V2 版本没有那么灵活，很多计算方式都是固定的，V2 版本有可能不适合较新模型的构建。也就是说，未来需要更灵活的框架来支持潜在的网络模型。下一章将会介绍深度学习的可视化工具 VisualDL，使用它可以观察训练模型的过程中模型数据的变化，这样会非常有利于优化模型，提高模型的收敛速度和预测的准确率。注意，下一章也基于 Fluid 版本进行介绍，因此读者在学习下一章之前，需要消化本章所学到的知识。

第 13 章　可视化工具 VisualDL 的使用

13.1　引言

　　第 12 章介绍了 PaddlePaddle 的 Fluid 版本的使用，Fluid 版本也将会是以后 PaddlePaddle 的主要版本。经过上一章的学习，读者应该掌握了如何使用 Fluid 版本进行训练和预测。本章主要介绍深度学习可视化工具 VisualDL。可以使用这个工具观察训练模型过程中各种数据的变化，然后对网络模型做进一步的优化。在实际工作中，使用工具能够大大提高工作效率。

　　本章代码参见 GitHub 的 yeyupiaoling 主页里 BookSource 中的 chapter13。测试环境是 Python 2.7 和 PaddlePaddle 0.13.0，VisualDL 1.0.0。

13.2　VisualDL 的介绍

　　VisualDL 是一个面向深度学习任务的可视化工具，具有显示趋势、参数分布、模型结构和图像等功能。用户可以借助 VisualDL 观察训练的情况，方便对训练的模型进行分析，以改善模型的收敛情况。除了支持 PaddlePaddle 之外，VisualDL 还支持其他比较流行的深度学习框架，如 PyTorch 和 MXNet。

　　之前使用的 paddle.v2.plot 接口也可以用于观察训练的情况，但是它只支持损失值的折线图。而 VisualDL 可以支持以下 4 种功能。

- scalar，可用于展示训练测试的误差变化趋势，如图 13-1 所示。
- image，可用于可视化卷积层或者其他参数，如图 13-2 所示。
- histogram，可用于展示参数分布及变化趋势，如图 13-3 所示。

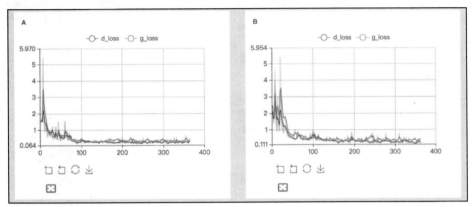

图 13-1　误差的变化趋势

图 13-2　图片的可视化

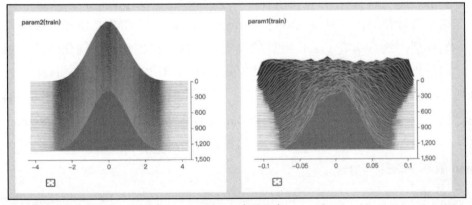

图 13-3　参数分布

● graph，可用于实现训练模型结构的图形化，如图 13-4 所示。

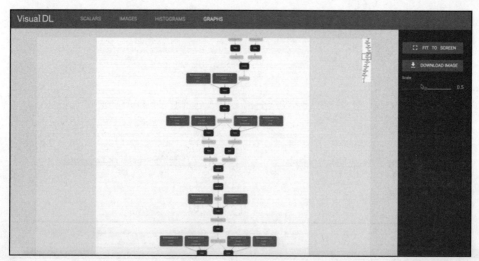

图 13-4 模型的图形化

VisualDL 的 4 种功能的详细说明如下。

- scalar 可以将训练信息以折线图的形式展现出来，图 13-1 展示了一个损失值的变化，这样的折线图有助于观察整体趋势。与之前的 paddle.v2.plot 接口不一样的是，scalar 还能在同一个可视化视图中呈现多条折线，方便进行对比。

- image 支持图片展示，通过它可以轻松确认数据样本的质量，也可以方便地查看训练的中间结果，如卷积层的输出。

- histogram 具备展示参数分布的功能，通过这个功能，可以查看参数矩阵中数值的分布曲线，并随时观察参数值的变化趋势。

- graph 能够帮助用户查看深度神经网络的模型结构。graph 支持直接对 ONNX 的模型进行预览，并且 MXNet、Caffe2、PyTorch 和 CNTK 都支持转换成 ONNX 的模型，这意味着 graph 可以间接支持不同框架的模型可视化功能，加强我们对网络结构的理解。但是，目前 VisualDL 还不支持直接生成 graph。

既然 VisualDL 那么方便，我们就尝试使用它。VisualDL 在底层采用 C++ 编写，但是它在提供 C++ SDK 的同时，也支持 Python SDK，而我们主要是使用 Python SDK。VisualDL 同时支持 Python 2 和 Python 3，如果读者单纯使用 VisualDL，那么可以在这两个 Python 版本中选择一个。

13.3 VisualDL 的安装

VisualDL 可以在 Mac 和 Linux 操作系统上安装，目前还不可以在 Windows 操作系统上的安装。本章只介绍在 Ubuntu 系统上的安装和使用。关于如何在 Mac 操作系统上安装与使用，读者可以在 VisualDL 开源社区上查看使用文档。

13.3.1　使用 pip 安装

在 Ubuntu 上安装 VisualDL 时，可以使用 pip。方法非常简单，只需要如下一条命令。

```
pip install --upgrade visualdl
```

为了测试是否安装成功，首先，执行下列命令来下载日志文件。

```
# 在当前位置下载一个日志
vdl_create_scratch_log
# 如果提示命令不存在，那就使用下面这条命令
vdl_scratch.py
```

然后，输入如下命令，启动 VisualDL 并加载这个日志信息。

```
visualdl --logdir ./scratch_log --port 8080
```

这里说明一下 VisualDL 的参数。

- logdir：指定日志路径。
- host：指定 IP 地址。
- port：指定端口。
- model_pb：指定 ONNX 格式的模型文件，这个模型我们还没有用到。

接下来，在浏览器的地址栏中输入 http://127.0.0.1:8080，即可看到一个可视化的界面，如图 13-5 所示。

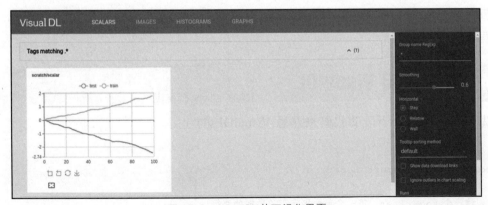

图 13-5　VisualDL 的可视化界面

13.3.2　使用源码安装

如果使用 pip 安装不能满足用户需求，那么可以考虑使用源码安装 VisualDL。使用源码安装也是比较简单的，具体步骤如下。

1）安装依赖库。

```
# 安装 npm
apt install npm
# 安装 node
apt install nodejs-legacy
# 安装 cmake
apt install cmake
# 安装 unzip
apt install unzip
```

2）在 GitHub 上复制最新的源码并打开。

```
git clone https://GitHub 官网/PaddlePaddle/VisualDL.git
cd VisualDL
```

3）编译并生成 whl 安装包。

```
python setup.py bdist_wheel
```

4）生成 whl 安装包之后，就可以使用 pip 命令安装这个安装包了。注意，下列命令行中的星号（*）对应的是 VisualDL 版本号，读者要根据实际情况进行安装。

```
pip install --upgrade dist/visualdl-*.whl
```

安装完成之后，同样可以使用在 13.3.1 节提到的测试方法判断是否安装成功，这里就不再介绍了。

13.4　简单使用 VisualDL

先编写下面这一小段的代码来熟悉 VisualDL 的使用。

```
# 导入 VisualDL 的包
from visualdl import LogWriter

# 创建一个 LogWriter，第一个参数指定存放数据的路径，
# 第二个参数指定对于多少次写操作执行一次从内存到磁盘的数据持久化
```

```
logw = LogWriter("./random_log", sync_cycle=10000)

# 创建训练和测试的 scalar,
# mode 标注线条的名称,
# scalar 标注的是指定这个组件的 tag
with logw.mode('train') as logger:
    scalar0 = logger.scalar("scratch/scalar")

with logw.mode('test') as logger:
    scalar1 = logger.scalar("scratch/scalar")

# 读取数据
for step in range(1000):
    scalar0.add_record(step, step * 1. / 1000)
    scalar1.add_record(step, 1. - step * 1. / 1000)
```

这个程序比较简单，只是创建了一幅折线图，名称为 scratch/scalar。在这幅折线图上，创建了两条折线，分别是 train 和 test。在最后加载数据的时候，我们使用一个循环来不断向这两幅折线图里加载数据。

运行 Python 代码之后，在终端上输入如下代码，从下面的代码可以看到我们指定的路径是./random_log，端口号是 8080。

```
visualdl --logdir ./random_log --port 8080
```

然后，在浏览器的地址栏中输入 http://127.0.0.1:8080，就可以在浏览器中看到上述 Python 代码生成的折线了，如图 13-6 所示。

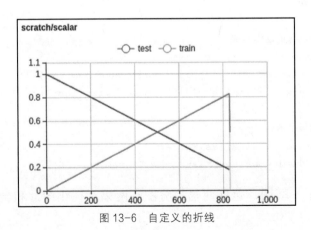

图 13-6　自定义的折线

通过这个例子，相信读者已经对 VisualDL 有了进一步的了解。接下来，我们会在实际的 PaddlePaddle 例子中使用 VisualDL。

13.5　在 PaddlePaddle 中使用 VisualDL

本节将会详细介绍如何在 PaddlePaddle 中使用 VisualDL。如之前所提到的，我们将会使用 PaddlePaddle 的 Fluid 版本介绍 VisualDL 的使用方式。在阅读本节之前，希望读者对 PaddlePaddle 的 Fluid 版本已经有了非常详细的了解。

13.5.1　定义 VisualDL 组件

下面创建 VisualDL 的 3 个组件——scalar、image 和 histogram，并指定存放日志的路径。具体代码如下。

```
# 创建 VisualDL，并指定当前该项目的 VisualDL 的路径
logdir = "../data/tmp"
logwriter = LogWriter(logdir, sync_cycle=10)

# 创建损失值的趋势图
with logwriter.mode("train") as writer:
    loss_scalar = writer.scalar("loss")

# 创建准确率的趋势图
with logwriter.mode("train") as writer:
    acc_scalar = writer.scalar("acc")

# 定义每多少次重新输出一遍
num_samples = 4
# 实现卷积层和输出图像的图形化展示
with logwriter.mode("train") as writer:
    conv_image = writer.image("conv_image", num_samples, 1)
    input_image = writer.image("input_image", num_samples, 1)

# 创建可视化的训练模型结构
with logwriter.mode("train") as writer:
    param1_histogram = writer.histogram("param1", 100)
```

上述代码创建了 5 幅图，包括两幅趋势图、两幅可视化图片和一幅直方图。具体介绍如下。

● 两个趋势图分别是关于损失值和准确率的。

- 两幅可视化图片分别是卷积后的图像和输入图像。

- 一幅直方图用于展示训练过程中模型参数的分布和变化。

13.5.2 编写 PaddlePaddle 代码

下面开始创建 PaddlePaddle 代码。注意，我们使用的是 PaddlePaddle 的 Fluid 版本。首先，定义数据和标签，代码如下。

```
# 定义图像的类别数量
class_dim = 10
# 定义图像的通道数和大小
image_shape = [3, 32, 32]
# 定义输入数据大小，指定图像的形状，数据类型是浮点型
image = fluid.layers.data(name='image', shape=image_shape, dtype='float32')
# 定义标签，类型是整型
label = fluid.layers.data(name='label', shape=[1], dtype='int64')
```

然后，获取分类器，这里获取的分类器与第 12 章中获取的分类器有点不一样。除了获取分类器之外，这里还要获取第一个卷积层，在训练的时候要使用到它，利用它来获得卷积层的输出。

```
# 获取神经网络
net, conv1 = vgg16_bn_drop(image)
# 获取全连接层的输出，获得分类器
predict = fluid.layers.fc(
    input=net,
    size=class_dim,
    act='softmax',
    param_attr=ParamAttr(name="param1", initializer=NormalInitializer()))
```

接下来，获取损失函数和 batch_acc，在这些之后才能定义优化方法。

```
# 获取损失函数
cost = fluid.layers.cross_entropy(input=predict, label=label)
# 定义平均损失函数
avg_cost = fluid.layers.mean(x=cost)

# 在计算每个批的时候能取到当前批里面样本的个数，从而求平均准确率
batch_size = fluid.layers.create_tensor(dtype='int64')
print batch_size
batch_acc = fluid.layers.accuracy(input=predict, label=label, total=batch_size)
```

```
# 定义优化方法
optimizer = fluid.optimizer.Momentum(
    learning_rate=learning_rate,
    momentum=0.9,
    regularization=fluid.regularizer.L2Decay(5 * 1e-5))

opts = optimizer.minimize(avg_cost)
```

接下来，开始创建调试器，并初始化它。

```
# 是否使用 GPU
place = fluid.CUDAPlace(0) if use_cuda else fluid.CPUPlace()
# 创建调试器
exe = fluid.Executor(place)
# 初始化调试器
exe.run(fluid.default_startup_program())
```

在训练之前，还要获取训练的数据。因为这里没有使用测试，所以就没有获取测试的数据。

```
# 获取训练数据
train_reader = paddle.batch(
    paddle.dataset.cifar.train10(), batch_size=BATCH_SIZE)

# 指定数据和标签的对应关系
feeder = fluid.DataFeeder(place=place, feed_list=[image, label])
```

这里多了一步，这是为了让调试器在训练的时候也输出参数的分布和变化趋势。

```
step = 0
sample_num = 0
start_up_program = framework.default_startup_program()
param1_var = start_up_program.global_block().var("param1")
```

现在就可以开始训练了，一共输出 5 个值——loss、conv1_out、param1、acc 和 weight，我们将会使用 VisualDL 把这些数值以图像的形式展现出来。

```
accuracy = fluid.average.WeightedAverage()
# 开始训练，使用循环的方式来指定训练多少个 Pass
for pass_id in range(num_passes):
    # 从训练数据中按照一个个 batch 来读取数据
    accuracy.reset()
    for batch_id, data in enumerate(train_reader()):
```

```
loss, conv1_out, param1, acc, weight = exe.run(fluid.default_main_program(),
                                    feed=feeder.feed(data),
                                    fetch_list=[avg_cost, conv1,
                                    param1_var, batch_acc,
                                             batch_size])
    accuracy.add(value=acc, weight=weight)
    pass_acc = accuracy.eval()
```

13.5.3　把数据添加到 VisualDL 中

加载卷积层和输入图像的数据到 VisualDL 中。

```
# 重新启动图形化展示组件
if sample_num == 0:
    input_image.start_sampling()
    conv_image.start_sampling()
# 获取令牌
idx1 = input_image.is_sample_taken()
idx2 = conv_image.is_sample_taken()
# 保证它们的令牌是一样的
assert idx1 == idx2
idx = idx1
if idx != -1:
    # 加载输入图像的数据
    image_data = data[0][0]
    input_image_data = np.transpose(
        image_data.reshape(image_shape), axes=[1, 2, 0])
    input_image.set_sample(idx, input_image_data.shape,
                           input_image_data.flatten())
    # 加载卷积数据
    conv_image_data = conv1_out[0][0]
    conv_image.set_sample(idx, conv_image_data.shape,
                          conv_image_data.flatten())

    # 输出一次
    sample_num += 1
    if sample_num % num_samples == 0:
        input_image.finish_sampling()
        conv_image.finish_sampling()
        sample_num = 0
```

加载趋势图的数据，这里包括了损失值和平均准确率。

```
# 加载趋势图的数据
loss_scalar.add_record(step, loss)
acc_scalar.add_record(step, acc)
```

加载参数变化的数据。

```
# 添加模型结构数据
param1_histgram.add_record(step, param1.flatten())
```

然后，运行项目，在运行项目的时候，会输出如下日志信息。

```
loss:[16.7996] acc:[0.0703125] pass_acc:[0.0703125]
loss:[15.192436] acc:[0.1171875] pass_acc:[0.09375]
loss:[14.519127] acc:[0.109375] pass_acc:[0.09895833]
loss:[15.262356] acc:[0.125] pass_acc:[0.10546875]
loss:[13.626783] acc:[0.078125] pass_acc:[0.1]
loss:[11.8960285] acc:[0.09375] pass_acc:[0.09895833]
```

接着，运行 VisualDL。因为我们把 VisualDL 的日志都存放在 data 目录中，所以首先需要切换到该目录，然后输入以下命令。

```
visualdl --logdir ./tmp --port 8080
```

最后，在浏览器的地址栏中输入 http://127.0.0.1:8080。如果在其他机器上访问，那么要输入对应的 IP 地址，并检查该端口是否已经开放。

打开网页之后，即可看到对应的图像了。

通过训练的趋势图，可以看到损失值开始下降，因为训练次数还不够多，准确率并没有明显上升，如图 13-7 所示。

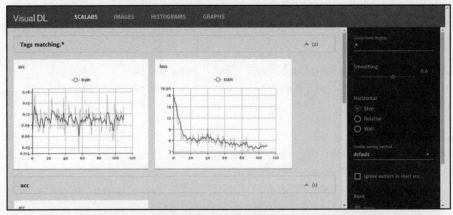

图 13-7　PaddlePaddle 例子中的损失值变化趋势

图 13-8 是卷积后图像的可视化页面，可以观察到图像经过卷积之后的变化，并且可以通过观察这个变化来判断卷积的效果。

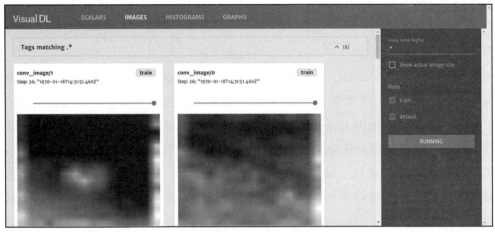

图 13-8 PaddlePaddle 例子中卷积后的图像

通过训练参数的变化情况，可以发现这个模型训练得比较好，没有出现断崖的情形，比较平滑，如图 13-9 所示。如果出现了断崖的情况，就要考虑模型是否出现了梯度消失等问题。

图 13-9 PaddlePaddle 例子中的参数分布

到此，VisualDL 的使用已经介绍完毕，读者可能会有疑问，为什么没有介绍 graph 呢？这是因为 VisualDL 目前还不支持 PaddlePaddle 的 graph。如果一定要获取 PaddlePaddle 的 graph，首先要把 PaddlePaddle 的模型转换成 ONNX 模型，然后使用 VisualDL 生成 graph。graph 相对上面几种图来说要复杂一些，这里也不展开介绍，如果需要了解，读者可参考 PaddlePaddle 开源社区。

13.6　小结

本章详细介绍了 VisualDL 的使用。首先介绍了如何直接运行命令下载日志信息以生成图像。然后，编写了一个简单的 Python 程序来生成自己的数据并以折线图的方式呈现出来。最后，结合 PaddlePaddle 来使用 VisualDL，在 PaddlePaddle 的训练过程中收集数据并生成对应的图像。之后使用 PaddlePaddle 训练模型时，可以使用 VisualDL 工具来分析模型效果，不会因为看到一堆输出的数据而无从下手。下一章介绍的知识点将会更贴近实际开发需求，因为我们要把 PaddlePaddle 部署到 Web 项目上，用户只需要上传照片就可以获取预测的结果。

第14章　把PaddlePaddle部署到网站服务器上

14.1 引言

如果读者使用过第三方的图像识别接口，比如百度的细粒度图像识别接口，应该了解使用第三方接口的过程。使用接口的大致流程如下，首先把图像上传到百度的网站上，然后服务器把这些图像转换成向量数据，最后将这些数据传给深度学习的预测接口，如PaddlePaddle的预测接口，以获取预测结果，并返回给客户端。这只是一个简单的流程，真实的情况比这个要复杂很多。其实，用户只需要了解这些就可以搭建一个属于自己的图像识别接口，在安全性、预测速度等其他方面，可以根据实际的项目需求进行处理。现在我们开始搭建属于自己的图像识别接口，它可以供给自己或者其他人调用。

本章代码参见GitHub的yeyupiaoling主页里BookSource中的chapter14。测试环境是Python 2.7和PaddlePaddle 0.11.0。

14.2 开发环境

首先介绍开发环境，尽量避免因为环境的问题出现一些错误。现在很多用户使用Python 3.6，而在本项目中，使用的是Python 2.7，因此说明开发环境也是很有必要的。

- 操作系统为64位的Ubuntu 16.04。
- 开发语言为Python 2.7。
- Web框架是Flask。
- 预测接口是图像识别接口。

14.3　Flask 的使用

为什么我们要使用 Flask 框架呢？因为这个 Web 框架比较小并且简单，适合快速开发，所以很多 Python 开发者也在学习这个 Web 框架。另外，Flask 框架的文档也非常完善。为了降低学习成本，我们当然要选择大部分读者都比较熟悉的框架。如果读者还没接触过这个框架，没有关系，下面将会简单介绍这个框架的使用方法。相信通过本章的学习，完成图像识别接口是没有问题的。接下来，开始介绍 Flask 框架。

14.3.1　安装 Flask

在 Ubuntu 上安装 Flask 其实很简单，只要输入下列一条命令就可以了。

```
pip install flask
```

本章还会使用到 flask_cors，因此需要安装这个库。

```
pip install flask_cors
```

如果用户还缺少相应的库，那么可以使用 pip 命令安装。下列命令行中的星号（*）代表需要安装的库的名称。

```
pip install *
```

在安装完依赖库之后，可以先测试 Flask 框架是否已经安装成功。

14.3.2　测试 Flask 框架是否安装成功

下面编写一个简单的程序 TestServer.py，以测试安装的框架是否成功。首先，使用 @app.route('/')指定访问的路径，也就是路由。

```python
from flask import Flask

app = Flask(__name__)

@app.route('/')
def hello_world():
    return 'Welcome to PaddlePaddle'

if __name__ == '__main__':
    app.run()
```

然后，运行这个程序。如果在开发环境中无法启动，那么有可能是权限的问题。此时可以在终端中启动这个程序。注意，在 TestServer.py 文件所处的文件夹中打开终端。

```
# 切换到 root 用户
sudo su
# 启动 Web 程序
python TestServer.py
```

接下来，在浏览器的地址栏中输入 http://127.0.0.1:5000。如果在其他机器上访问，那么需要输入对应的 IP 地址，并检查是否已经开放 5000 这个端口号。

当访问这个路径之后，浏览器会返回之前写好的字符串"Welcome to PaddlePaddle"，如图 14-1 所示。

图 14-1　根目录访问页面

如果正常显示，那么说明已经成功安装了 Flask。在编写图像识别接口时，需要提供上传图像。接下来，介绍如何使用 Flask 上传图像。

14.3.3　文件上传

我们在上面的 TestServer.py 程序中增加了上传文件的功能。要特别注意以下的库和函数。

- secure_filename 用于正常获取上传文件的文件名。
- flask_cors 可以实现跨越访问。
- methods=['POST']指定该路径只能使用 POST 方法访问。
- f = request.files['img']读取表单名称为 img 的文件。
- f.save(img_path)在指定路径上保存该文件。

根据上面提到的库和函数，在 TestServer.py 程序中添加以下代码，通过它来上传图像。

```
from werkzeug.utils import secure_filename
from flask import Flask, request
from flask_cors import CORS


app = Flask(__name__)
CORS(app)


# 访问路径是/upload，提交方式必须是 POST
@app.route('/upload', methods=['POST'])
def upload_file():
    f = request.files['img']
    img_path = './data/' + secure_filename(f.filename)
    print img_path
    f.save(img_path)
    return 'success'
```

编写完成之后，使用上面启动程序的方式重新启动 TestServer.py 程序。

接下来，编写一个 HTML 网页 index.html，方便测试这个接口。

```
<!DOCTYPE html>
<html lang="en">
<head>
    <meta charset="UTF-8">
    <title>预测图像</title>
</head>
<body>
<form action="http://127.0.0.1:5000/upload" enctype="multipart/form-data"
method="post">
    选择要预测的图像：<input type="file" name="img"><br>
    <input type="submit" value="提交">
</form>
</body>
</html>
```

这个网页比较简单，只使用一个表单，表单中包含"选择文件"按钮和"提交"按钮。当单击"提交"按钮时，就会把图像数据提交到 http://127.0.0.1:5000/upload 接口。

最后，在浏览器中打开 index.html，选择要上传的文件，然后提交，如图 14-2 所示。

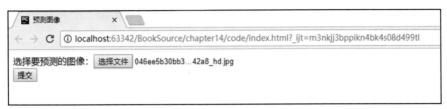

图 14-2　上传图像的页面

如果返回的是"success"（见图 14-3），那么代表图像已经上传成功了。此时，可以
到保存的位置查看文件是否存在，这里设置保存的位置是 code/data/。

图 14-3　上传成功页面

Flask 的介绍就到这里，相信读者已经对它比较了解了。下面介绍如何在 Flask 框架
上使用 PaddlePaddle，即编写一个能够预测图像的接口。

14.4　使用 PaddlePaddle 预测

本节将会简单介绍在训练过程中的一些不同点，因为在网站中使用 PaddlePaddle
预测时还是有一些不同的。在介绍完训练的过程后，就会使用训练好的模型在网站上
做预测。

14.4.1　获取预测模型

这次使用的是 MNIST 数据集（见第 3 章）。因为 MNIST 数据集比较小，训练速度
相对比较快，所以可以更快地获取到我们需要的预测模型。本例的训练代码与第 3 章提
到的相应代码也是类似的，只是添加了生成拓扑图的功能。

```
# 保存预测拓扑图
inference_topology = paddle.topology.Topology(layers=out)
with open("../models/inference_topology.pkl", 'wb') as f:
    inference_topology.serialize_for_inference(f)
```

上述代码段主要将神经网络的分类器以拓扑图的方式保存下来，之后在预测部分就

可以使用这个文件代替神经网络那部分了，不用专门为预测写一个神经网络了。因为 inference_topology.pkl 是二进制文件，所以要用 wb 来写入文件。

如果要提高训练速度，那么可以把测试部分去掉，这样训练起来速度会更快。

```
result = trainer.test(reader=paddle.batch(paddle.dataset.mnist.test(), batch_size=
128))
print "\nTest with Pass %d, Cost %f, %s\n" % (event.pass_id, result.cost,
result.metrics)
lists.append((event.pass_id, result.cost, result.metrics['classification_error_
evaluator']))
```

经过上面的修改后再进行训练。最后训练完成之后会得到以下这两个文件，以下两个文件会在网站后台预测程序中使用到。

- param.tar，表示模型参数文件。
- inference_topology.pkl，表示预测拓扑的文件。

14.4.2　部署 PaddlePaddle

首先，创建一个队列，因为要在队列中使用 PaddlePaddle 进行预测。

```
app = Flask(__name__)
CORS(app)
# 创建主队列
sendQ = Queue()
```

然后，编写一个预测的接口。这个接口用于上传图像。关于上传图像，上文已经介绍过了。在上传图像时，添加了一个异常捕获，捕获上传图像的过程中可能出现的异常，比如用户没有选择图像就上传等可能出现的错误。

```
@app.route('/infer', methods=['POST'])
def infer():
    try:
        # 获取上传的图像
        f = request.files['img']
        img_path = './data/' + secure_filename(f.filename)
        print img_path
        # 保存上传的图像
        f.save(img_path)
    except:
        print "上传图像异常"
        return errorResp("upload file fail!")
```

在保存上传的图像之后，使用这个图像进行预测。下面调用预测程序，使用主队列把图像数据发送给预测程序，同时创建一个子队列，这个子队列在预测之后返回预测结果。最后根据是否预测成功，向客户端返回对应的数据。

```
# 把读取的上传图像转换成向量
data = []
data.append((load_image(img_path),))
# print '预测数据为：', data


# 创建子队列
recv_queue = Queue()
# 使用主队列发送数据和子队列
sendQ.put((data, recv_queue))
# 获取子队列的结果
success, resp = recv_queue.get()
if success:
    # 如果成功，返回预测结果
    return successResp(resp)
else:
    # 如果失败，返回错误信息
    return errorResp(resp)
```

下面对上述代码段进行分析。在经过上面的过程后，已经获取了要预测的图像。接下来，就利用如下代码把图像文件读转换成向量。

```
data = []
data.append((load_image(img_path),))
```

本例通过调用 load_image() 函数来转换数据格式，该函数的定义如下。

```
def load_image(img_path):
    im = Image.open(img_path).convert('L')
    im = im.resize((28, 28), Image.ANTIALIAS)
    im = np.array(im).astype(np.float32).flatten()
    im = im / 255.0
    return im
```

接下来，使用主队列发送图像的数据和子队列。使用子队列的作用是在 PaddlePaddle 的预测线程中把预测结果发送回来。

```
# 创建子队列
recv_queue = Queue()
```

```
# 使用主队列发送数据和子队列
sendQ.put((data, recv_queue))
```

下面创建一个 PaddlePaddle 的预测线程。因为 PaddlePaddle 的初始化和加载模型只能执行一次，所以要放在 while 循环的外面。在 while 循环中，要从主队列中获取图像数据和子队列。使用图像数据预测并获得结果。使用 recv_queue 返回预测结果。

```
# 创建一个 PaddlePaddle 的预测线程
def worker():
    # 初始化 PaddlePaddle
    paddle.init(use_gpu=False, trainer_count=2)

    # 加载模型参数以生成一个预测器
    with open('../models/param.tar', 'r') as param_f:
        params = paddle.parameters.Parameters.from_tar(param_f)
    # 加载预测的拓扑图以生成一个预测器
    with open('../models/inference_topology.pkl', 'r') as topo_f:
        inferer = paddle.inference.Inference(parameters=params, fileobj=topo_f)

    while True:
        # 获取数据和子队列
        data, recv_queue = sendQ.get()
        try:
            # 获取预测结果
            result = inferer.infer(input=data)

            # 处理预测结果
            lab = np.argsort(-result)
            print lab
            # 返回概率最大的值及其对应的概率值
            result = '{"result":%d,"possibility":%f}'%(lab[0][0],result[0][(lab[0][0])])
            print result
            recv_queue.put((True, result))
        except:
            # 通过子队列发送异常信息
            trace = traceback.format_exc()
            print trace
            recv_queue.put((False, trace))
            continue
```

下面通过一个参数文件和一个网络的拓扑文件生成了一个预测器。

```
inferer = paddle.inference.Inference(parameters=params, fileobj=topo_f)
```

使用这个预测器，就可以预测数据了。只要向预测器中添加图像数据就可以预测图像了，如下所示。

```
result = inferer.infer(input=data)
```

这样的好处是不用其他的依赖文件，只要有模型参数文件和网络拓扑文件就可以预测图像了，不用再获取网络定义的程序。如果读者不习惯使用这种方式，也可以使用之前习惯的方法，如下所示。

```
# 获取分类器
out = convolutional_neural_network()
# 获取预测结果
result = paddle.infer(output_layer=out,
                      parameters=params,
                      input=data)
```

回到 infer() 函数中，刚才已经把数据发送出去了，并返回预测结果。接下来，接收预测数据，并把预测结果返回给客户端。

```
# 获取子队列的结果
success, resp = recv_queue.get()
if success:
    # 如果成功，返回预测结果
    return successResp(resp)
else:
    # 如果失败，返回错误信息
    return errorResp(resp)
```

下列两个函数的返回结果是格式化的数据，即生成的是 JSON 格式的数据。

```
# 错误的请求
def errorResp(msg):
    return jsonify(code=-1, message=msg)


# 成功的请求
def successResp(data):
    return jsonify(code=0, message="success", data=data)
```

最后，启动预测线程和服务。

```
if __name__ == '__main__':
    t = threading.Thread(target=worker)
    t.daemon = True
    t.start()
    # 已经把端口改成 80
    app.run(host='0.0.0.0', port=80, threaded=True)
```

在浏览器中打开刚才创建的 HTML 网页 index.html。需要注意的是，把提交的 action 改成 http://127.0.0.1/infer。然后，选择要预测的图像，单击"提交"按钮，便可获取预测结果，如图 14-4 所示。

```
{
    "code": 0,
    "data": "{\"result\":3,\"possibility\":1.000000}",
    "message": "success"
}
```

到此，把 PaddlePaddle 部署到网站服务器的相关内容已经介绍完毕。在网站上部署 PaddlePaddle，然后提供网络接口，客户端只要调用这个接口就可以预测自己的图像。我们实现的这个接口的返回值是 JSON 数据集，这样就可以供绝大多数的客户端调用了，如 Android 应用、Web 前端、微信小程序等，真正做到"一处编写，多处使用"。

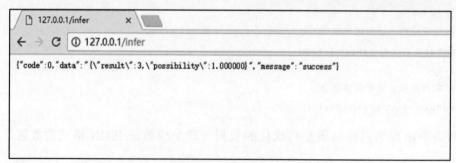

图 14-4　预测结果页面

14.5　小结

本章介绍了如何把 PaddlePaddle 部署到网站服务器。在此之前，读者在使用图像识别功能时，还要调用第三方接口。在学习了本章内容之后，读者可以在自己的服务器上编写接口来为自己的程序提供服务。如果读者有数据集，就可以训练自己想识别的图像，这非常有吸引力。有时，调用网络接口可能会受到网络的影响，当网络状况比较差时，可能会出现延迟的情况。对于一些需要及时处理的环境，就会存在很大的隐患。例如，自动驾驶，如果因为网络延迟而使处理速度变慢，可能就是一场灾难，就需要无延迟的本地处理。下一章将会介绍如何在 Android 设备上部署 PaddlePaddle。我们将会在 Android 设备上直接使用 PaddlePaddle，而不需要调用网络接口。

第 15 章　把 PaddlePaddle 应用到 Android 手机

15.1 引言

第 14 章介绍了如何在 Web 服务器上部署 PaddlePaddle，然后提供一个 API 给其他设备调用。除了可以部署到 Web 服务器上之外，PaddlePaddle 还可以迁移到 Android 或者 Linux 设备上。这些部署了 PaddlePaddle 的设备同样可以进行深度学习，同时，可以直接在本地进行预测，大大加快了预测速度，基本上可以做到即时预测。本章介绍如何把 PaddlePaddle 迁移到 Android 手机上，并在 Android 手机的 App 中使用 PaddlePaddle。

本章代码参见 GitHub 的 yeyupiaoling 主页里 BookSource 中的 chapter15。测试环境是 Python 2.7、PaddlePaddle 0.11.0 和 Android 5.0。

15.2 编译 PaddlePaddle 库

Android 平台是支持 C++ 的，这就使得可以将 PaddlePaddle 移植到 Android 设备上。用户可以把 PaddlePaddle 编译成适合 Android 系统使用的 C++ 库，并把这些库部署到 Android 项目中，这样就可以在该项目中调用 PaddlePaddle 的接口了。那么，如何把 PaddlePaddle 编译成 Android 可以使用的 C++ 库呢？下面就介绍编译 PaddlePaddle 库的方法。

15.2.1　使用 Docker 编译 PaddlePaddle 库

使用 Docker 编译 PaddlePaddle 库比较方便。如果读者对比下文使用 Linux 编译 PaddlePaddle 库的方式，就会发现使用 Docker 编译 PaddlePaddle 库会减少很多麻烦，比如，安装一些依赖库等。另外，Docker 是跨平台的，无论读者使用的是 Windows、Linux

操作系统，还是 Mac 操作系统，都可以使用 Docker。现在进行一点说明，以下操作过程都是在 64 位的 Ubuntu 16.04 上实现的。

使用 Docker 编译 PaddlePaddle 库主要分两步进行。第一步是获取 Docker 镜像，第二步是编译 PaddlePaddle 库。

1. 获取 Docker 镜像

首先，安装 Docker。在 Ubuntu 上安装 Docker 其实非常简单，只需要下面一条命令。

```
sudo apt install docker.io
```

安装完 Docker 之后，可以使用 docker --version 命令查看是否安装成功。如果输出 Docker 的版本信息，那么证明安装成功。

然后，通过 GitHub 复制最新的 PaddlePaddle 源码，命令如下。

```
git clone https://GitHub 官网/PaddlePaddle/Paddle.git
```

复制完 PaddlePaddle 源码之后，就可以使用 PaddlePaddle 源码创建 Docker 容器，利用它可以编译 Android 使用的 PaddlePaddle 库。

```
# 切入到源码目录
cd Paddle
# 创建 Docker 容器
docker build -t mypaddle/paddle-android:dev . -f Dockerfile.android
```

注意，如果没有复制最新的 PaddlePaddle，那么在创建 Docker 容器的时候可能需要下载 Go 语言。其实，用户可以直接去除 Go 语言依赖库，因为编译 Android 的 PaddlePaddle 库不需要 Go 语言依赖库，具体操作如下。

1）找到 Paddle/CMakeLists.txt 中的这一行代码。

```
project(paddle CXX C Go)
```

2）去除 Go 语言依赖库，进行如下修改。

```
project(paddle CXX C)
```

3）删除 Paddle/Dockerfile.android 下关于 Go 语言配置的代码段。

```
RUN wget -qO- go.tgz https://Go 语言下载网址 | /golang/go1.8.1.linux-amd64.tar.gz |\
    tar -xz -C /usr/local && \
    mkdir /root/gopath && \
    mkdir /root/gopath/bin && \
```

```
    mkdir /root/gopath/src
ENV GOROOT=/usr/local/go GOPATH=/root/gopath
ENV PATH=${PATH}:${GOROOT}/bin:${GOPATH}/bin
```

Go 语言依赖问题其实在最新的 PaddlePaddle 源码中已经修复了,如果读者复制的是最新的 PaddlePaddle 源码,可以不用修改相关配置。

如果读者不想使用源码创建 Docker 容器,那么 PaddlePaddle 官方也提供了创建好的 Docker 容器,读者可以直接下载到本地,命令如下。

```
docker pull paddlepaddle/paddle:latest-dev-android
```

如果下载 PaddlePaddle 官方提供的 Docker 容器时速度较慢,那么可以使用其他镜像。

```
docker pull 其他镜像网址/paddle:latest-dev-android
```

2. 编译 PaddlePaddle 库

下面编译 armeabi-v7a、Android API 21 的 PaddlePaddle 库,命令如下。

```
docker run -it --rm -v $PWD:/paddle -e "ANDROID_ABI=armeabi-v7a" -e "ANDROID_
API=21" mypaddle/paddle-android:dev
```

创建 PaddlePaddle 的配置可以使用-e 命令设置。在命令的最后可以看到使用的容器是我们刚刚创建的 Docker 容器 mypaddle/paddle-android:dev,如果想换成 PaddlePaddle 官方提供的,把 Docker 名称修改成 paddlepaddle/paddle:latest-dev-android 即可。

$PWD 表示当前目录,这里的当前目录为/mnt/Paddle/。当编译完成之后,在 $PWD/install_android 目录中创建以下 3 个子目录。创建的这 3 个子目录就是我们之后在 Android 的 APP 上会使用的文件。

- include 是 C-API 的头文件。
- lib 是 Android ABI 的 PaddlePaddle 库。
- third_party 是所依赖的所有第三方库。

通过上述步骤编译了 armeabi-v7a、Android API 21 的 PaddlePaddle 库。如果读者想编译 arm64-v8a、Android API 21 的 PaddlePaddle 库,那么修改命令参数就可以了,具体命令如下。

```
docker run -it --rm -v $PWD:/paddle -e "ANDROID_ABI=arm64-v8a" -e "ANDROID_API=
21" mypaddle/paddle-android:dev
```

15.2.2　使用 Linux 编译 PaddlePaddle 库

如果读者不习惯使用 Docker，或者想进一步了解编译 PaddlePaddle 库的流程，那么可以使用 Linux 编译 PaddlePaddle 库。相比使用 Docker 编译 PaddlePaddle 库，使用 Linux 编译 PaddlePaddle 库会更复杂一些，下面介绍具体操作步骤。

1. 安装依赖环境

下面开始安装编译的依赖库。首先，安装 GCC 4.9，命令如下。在 GCC 安装完之后，可以使用 gcc --version 查看安装是否成功。

```
sudo apt-get install gcc-4.9
```

安装 Clang 3.8 的命令如下。在 Clang 安装完成之后，同样可以使用命令 clang --version 查看安装是否成功。

```
sudo apt install clang
```

然后，安装 Go 语言环境，可以使用 go version 查看 Go 语言的版本。

```
apt-get install golang
```

接下来，安装 CMake，安装版本尽量选择 3.8 及以上。安装 CMake 的步骤如下。

1）下载 CMake 源码。

```
wget https:// 官方域名 /files/v3.8/cmake-3.8.0.tar.gz
```

2）解压 CMake 源码。

```
tar -zxvf cmake-3.8.0.tar.gz
```

3）依次执行下面的代码。

```
# 进入解压后的目录
cd cmake-3.8.0
# 执行当前目录的 bootstrap 程序
./bootstrap
# 使用 6 线程的 make
make -j6
# 开始安装
sudo make install
```

在安装完 CMake 之后，可以使用 cmake -version 查看 CMake 的版本。

2. 配置编译环境

首先，下载 Android NDK。Android NDK 是 Android 平台上使用的 C/C++交叉编译工具链，其中包含了所有 Android API 级别、所有架构（ARM/ARM64/x86/MIPS）需要用到的编译工具和系统库。在 Ubuntu 中下载 Android NDK 的命令如下。

```
wget https://Android NDK 下载网址/android/repository/android-ndk-r14b-linux-x86_
64.zip
```

这里当前的目录为/home/work/android/linux/，然后把它解压到当前目录下，命令如下。

```
unzip android-ndk-r14b-linux-x86_64.zip
```

如果读者没有安装解压工具，还要先安装解压工具 unzip，安装命令如下。

```
apt install unzip
```

然后构建 armeabi-v7a、Android API 21 的独立工具链，命令如下。使用的脚本是刚下载的 Android NDK 的 android-ndk-r14b/build/tools/make-standalone-toolchain.sh，生成的独立工具链存放在/home/work/android/linux/arm_standalone_toolchain 中。

```
/home/work/android/linux/android-ndk-r14b/build/tools/make-standalone-toolchain.sh \
    --arch=arm --platform=android-21 --install-dir=/home/work/android/linux/
arm_standalone_toolchain
```

切换到 Paddle 目录，并创建 build 目录。

```
# 切换到 Paddle 目录
cd Paddle
# 创建一个 build 目录，在此编译
mkdir build
# 切换到 build 目录
cd build
```

在 build 目录中配置交叉编译参数，编译的 Android ABI 是 armeabi-v7a，使用的工具链是上面生成的工具链/home/work/android/linux/arm_standalone_toolchain，将编译好的文件存放在/home/work/android/linux/install 中，具体命令如下。注意，不要缺少最后的 "..", 它表示在上一个目录中使用 CMake 文件。

```
cmake -DCMAKE_SYSTEM_NAME=Android \
    -DANDROID_STANDALONE_TOOLCHAIN=/home/work/android/linux/arm_standalone_
toolchain \
```

```
-DANDROID_ABI=armeabi-v7a \
-DANDROID_ARM_NEON=ON \
-DANDROID_ARM_MODE=ON \
-DUSE_EIGEN_FOR_BLAS=ON \
-DCMAKE_INSTALL_PREFIX=/home/work/android/linux/install \
-DWITH_C_API=ON \
-DWITH_SWIG_PY=OFF \
..
```

3. 编译和安装

在 CMake 配置完成后，执行以下命令，PaddlePaddle 将自动下载和编译所有第三方依赖库，编译和安装 PaddlePaddle 预测库。在执行 make 命令前应保证 PaddlePaddle 的源码目录是"干净"的，也就是说，没有编译过其他平台的 PaddlePaddle 库，或者已经删除了之前编译生成的文件。

```
# 使用 6 个线程的 make
make -j6
# 开始安装
make install
```

当编译完之后，在/home/work/android/linux/install 目录中创建以下 3 个子目录。

- include 是 C-API 的头文件。
- lib 是 Android ABI 的 PaddlePaddle 库。
- third_party 是所依赖的所有第三方库。

这些子目录就是我们之后在 Android App 上会使用的文件，这些文件与我们之前使用 Docker 编译的结果是一样的。

同样，上面的流程中生成了 armeabi-v7a、Android API 21 的 PaddlePaddle 库。如果要编译 arm64-v8a、Android API 21 的 PaddlePaddle 库，那么需要修改参数。第一处是构建独立工具链的时候通过以下代码修改参数。

```
/home/work/android/linux/android-ndk-r14b/build/tools/make-standalone-toolchain.sh \
        --arch=arm64 --platform=android-21 --install-
dir=/home/work/android/linux/arm64_standalone_toolchain
```

第二处是配置交叉编译参数的时候通过以下代码修改参数。

```
cmake -DCMAKE_SYSTEM_NAME=Android \
    -DANDROID_STANDALONE_TOOLCHAIN=/home/work/android/linux/arm64_standalone_
```

```
toolchain \
    -DANDROID_ABI=arm64-v8a \
    -DUSE_EIGEN_FOR_BLAS=OFF \
    -DCMAKE_INSTALL_PREFIX=/home/work/android/linux/install \
    -DWITH_C_API=ON \
    -DWITH_SWIG_PY=OFF \
    ..
```

如果读者不想执行上述编译 PaddlePaddle 库的步骤，那么可以直接下载官方编译好的 PaddlePaddle 库（参见 GitHub 网站）。

15.3 MobileNet 神经网络

注意，要使用 PaddlePaddle 预先训练我们的神经网络模型才能进行下一步操作。本章使用的是 MobileNet 神经网络，这个神经网络的作用与它的名字一样，它用于把预测模型移植到移动设备上。我们使用的数据集是 CIFAR-10 数据集。下面先训练一个 MobileNet 的模型。

创建一个名为 mobilenet.py 的 Python 文件，来定义 MobileNet 神经网络模型。MobileNet 是 Google 针对手机等嵌入式设备提出的一种轻量级的深层神经网络。它的核心思想就是卷积核的巧妙分解，这可以有效减少网络参数，从而减小训练时网络的模型。比如，对于我们使用的 VGG，在训练 CIFAR-10 数据集的时候，模型会有 54MB 那么大，这样的模型如果移植到 Android 应用上，那么会大幅度增加 APK 的大小，这样是不利于应用和推广的。而 MobileNet 的模型大小只有 11MB，相比 VGG16 来说，小了很多。下面介绍如何使用 PaddlePaddle 搭建 MobileNet 模型。

首先，定义一个标准卷积层，然后在卷积之后加上一个 BN 层。

```python
import paddle.v2 as paddle


def conv_bn_layer(input,
                  filter_size,
                  num_filters,
                  stride,
                  padding,
                  channels=None,
                  num_groups=1,
                  active_type=paddle.activation.Relu(),
```

```
                          layer_type=None):

    tmp = paddle.layer.img_conv(
        input=input,
        filter_size=filter_size,
        num_channels=channels,
        num_filters=num_filters,
        stride=stride,
        padding=padding,
        groups=num_groups,
        act=paddle.activation.Linear(),
        bias_attr=False,
        layer_type=layer_type)
    return paddle.layer.batch_norm(input=tmp, act=active_type)
```

然后，基于上面定义的标准卷积层，构建一个深度可分解卷积层。

```
def depthwise_separable(input, num_filters1, num_filters2, num_groups, stride,
                        scale):

    tmp = conv_bn_layer(
        input=input,
        filter_size=3,
        num_filters=int(num_filters1 * scale),
        stride=stride,
        padding=1,
        num_groups=int(num_groups * scale),
        layer_type='exconv')

    tmp = conv_bn_layer(
        input=tmp,
        filter_size=1,
        num_filters=int(num_filters2 * scale),
        stride=1,
        padding=0)
    return tmp
```

接下来，可以使用上面定义的标准卷积层和深度可分解卷积层函数，搭建一个 MobileNet 神经网络模型。我们可以看到，只有第一层是标准卷积，之后都是深度可分解卷积层。最终经过一个 Softmax 分类器输出。

```
def mobile_net(img_size, class_num, scale=1.0):

    img = paddle.layer.data(
        name="image", type=paddle.data_type.dense_vector(img_size))

    # conv1: 112×112
    tmp = conv_bn_layer(
        img,
        filter_size=3,
        channels=3,
        num_filters=int(32 * scale),
        stride=2,
        padding=1)

    # 56×56
    tmp = depthwise_separable(
        tmp,
        num_filters1=32,
        num_filters2=64,
        num_groups=32,
        stride=1,
        scale=scale)
    tmp = depthwise_separable(
        tmp,
        num_filters1=64,
        num_filters2=128,
        num_groups=64,
        stride=2,
        scale=scale)
    # 28×28
    tmp = depthwise_separable(
        tmp,
        num_filters1=128,
        num_filters2=128,
        num_groups=128,
        stride=1,
        scale=scale)
    tmp = depthwise_separable(
        tmp,
        num_filters1=128,
        num_filters2=256,
        num_groups=128,
```

```
        stride=2,
        scale=scale)
    # 14×14
    tmp = depthwise_separable(
        tmp,
        num_filters1=256,
        num_filters2=256,
        num_groups=256,
        stride=1,
        scale=scale)
    tmp = depthwise_separable(
        tmp,
        num_filters1=256,
        num_filters2=512,
        num_groups=256,
        stride=2,
        scale=scale)
    # 14×14
    for i in range(5):
        tmp = depthwise_separable(
            tmp,
            num_filters1=512,
            num_filters2=512,
            num_groups=512,
            stride=1,
            scale=scale)
    # 7×7
    tmp = depthwise_separable(
        tmp,
        num_filters1=512,
        num_filters2=1024,
        num_groups=512,
        stride=2,
        scale=scale)
    tmp = depthwise_separable(
        tmp,
        num_filters1=1024,
        num_filters2=1024,
        num_groups=1024,
        stride=1,
        scale=scale)

    # tmp = paddle.layer.img_pool(
```

```
    # input=tmp, pool_size=7, stride=1, pool_type=paddle.pooling.Avg())
    out = paddle.layer.fc(
        input=tmp, size=class_num, act=paddle.activation.Softmax())

    return out
```

通过上述代码，已经完成了 MobileNet 的定义。最后，可以通过调用 mobile_net() 函数获取 MobileNet 的分类器。

```
if __name__ == '__main__':
    img_size = 3 * 32 * 32
    data_dim = 10
    out = mobile_net(img_size, data_dim, 1.0)
```

15.4　训练模型

下面创建一个名为 trian.py 的文件来编写训练代码。

1. 初始化 PaddlePaddle

下面创建一个 TestCIFAR 类来进行训练。在初始，就初始化 PaddlePaddle，而且这里使用 1 个 GPU 来训练。在使用 PaddlePaddle 之前，要初始化 PaddlePaddle，但是不能重复初始化。

```
class TestCIFAR:
    def __init__(self):
        # 初始化 PaddlePaddle
        paddle.init(use_gpu=True, trainer_count=1)
```

2. 获取训练参数

编写获取训练参数的代码。这里提供两个获取参数的方法。一个是从损失函数中创建一个训练参数，另一个是使用之前训练好的模型参数文件。

```
def get_parameters(self, parameters_path=None, cost=None):
    if not parameters_path:
        # 使用 cost 创建参数
        if not cost:
            print "请输入 cost 参数"
        else:
            # 根据损失函数创建参数
```

```
                parameters = paddle.parameters.create(cost)
                return parameters
        else:
            # 使用之前训练好的参数
            try:
                # 使用训练好的参数
                with gzip.open(parameters_path, 'r') as f:
                    parameters = paddle.parameters.Parameters.from_tar(f)
                return parameters
            except Exception as e:
                raise NameError("你的参数文件错误,具体问题是:%s" % e)
```

3.　获取训练器

通过损失函数、训练参数和优化方法可以创建训练器。代码如下。

```
def get_trainer(self):
    # 数据大小
    datadim = 3 * 32 * 32

    # 获得图片对应的信息标签
    lbl = paddle.layer.data(name="label",
                            type=paddle.data_type.integer_value(10))

    # 获取全连接层,也就是分类器
    out = mobile_net(datadim, 10, 1.0)

    # 获得损失函数
    cost = paddle.layer.classification_cost(input=out, label=lbl)

    # 使用之前保存好的参数文件获得参数
    # parameters = self.get_parameters(parameters_path="../model/mobile_net.tar.gz")
    # 使用损失函数生成参数
    parameters = self.get_parameters(cost=cost)

    # 定义优化方法
    momentum_optimizer = paddle.optimizer.Momentum(
        momentum=0.9,
        regularization=paddle.optimizer.L2Regularization(rate=0.0002 * 128),
        learning_rate=0.1 / 128.0,
        learning_rate_decay_a=0.1,
```

```
                learning_rate_decay_b=50000 * 100,
                learning_rate_schedule="discexp")

    # 创建训练器
    trainer = paddle.trainer.SGD(cost=cost,
                                 parameters=parameters,
                                 update_equation=momentum_optimizer)
    return trainer
```

这里注意以下几点。

- cost（损失函数），通过神经网络的分类器和分类的标签可以获取损失函数。
- parameters（训练参数），获取方式在上文已经介绍过，这里不再赘述。
- optimizer（优化方法），用于设置学习率和添加正则。

4. 开始训练

有了训练器之后，再加上训练数据，就可以进行训练了。本例还使用读者比较熟悉的 CIFAR-10 数据集，因为 PaddlePaddle 提供了下载接口，所以只要调用 PaddlePaddle 的数据接口就可以了。

同时也定义一个训练事件，在每一轮之后，都会保存训练参数。注意，在保存模型参数文件时扩展名是“.tar.gz”。

```
def start_trainer(self):
    # 获得数据
    reader=paddle.batch(reader=paddle.reader.shuffle(reader=paddle.dataset.cifar.train10(),
     buf_size=50000), batch_size=128)

    # 指定每条数据和 padd.layer.data 的对应关系
    feeding = {"image": 0, "label": 1}

    saveCost = SaveCost()

    lists = []
    # 定义训练事件处理程序，输出日志
    def event_handler(event):
        if isinstance(event, paddle.event.EndIteration):
            if event.batch_id % 1 == 0:
                print "\nPass %d, Batch %d, Cost %f, %s" % (
```

```
                    event.pass_id, event.batch_id, event.cost, event.metrics)
            else:
                sys.stdout.write('.')
                sys.stdout.flush()

        # 每一轮训练完成之后
        if isinstance(event, paddle.event.EndPass):
            # 保存训练好的参数
            model_path = '../model'
            if not os.path.exists(model_path):
                os.makedirs(model_path)
            with gzip.open(model_path + '/mobile_net.tar.gz', 'w') as f:
                trainer.save_parameter_to_tar(f)

            # 测试准确率
            result=trainer.test(reader=paddle.batch(reader=paddle.dataset.cifar.test10(),
            batch_size=128) feeding=feeding)
            print "\nTest with Pass %d, %s" % (event.pass_id, result.metrics)
            lists.append((event.pass_id, result.cost,
                         result.metrics['classification_error_evaluator']))

    # 获取训练器
    trainer = self.get_trainer()

    # 开始训练
    trainer.train(reader=reader,
                  num_passes=50,
                  event_handler=event_handler,
                  feeding=feeding)

    best = sorted(lists, key=lambda list: float(list[1]))[0]
    print 'Best pass is %s, testing Avgcost is %s' % (best[0], best[1])
    print 'The classification accuracy is %.2f%%' % (100 - float(best[2]) * 100
)
```

最后，在 main 函数中调用训练代码开始训练。

```
if __name__ == '__main__':
    # 开始训练
    testCIFAR = TestCIFAR()
```

```
testCIFAR.start_trainer()
```

训练过程中会输出如下日志。

```
Pass 49, Batch 0, Cost 0.578903, {'classification_error_evaluator':    0.203125}
....................................................................................
..
Pass 49, Batch 100, Cost 0.481994, {'classification_error_evaluator':  0.1796875}
....................................................................................
..
Pass 49, Batch 200, Cost 0.551664, {'classification_error_evaluator':  0.2109375}
....................................................................................
..
Pass 49, Batch 300, Cost 0.491424, {'classification_error_evaluator':  0.1875}
....................................................................................
Test with Pass 49, {'classification_error_evaluator': 0.2443999946117401}
Best pass is 45, testing Avgcost is 0.703635745525
The classification accuracy is 76.09%
```

15.5 编写预测代码

为了对比两个网络预测结果的差别，使用 Python 在计算机上测试预测结果和预测时间。与前面的 VGG 神经网络模型的预测速度进行对比，就会发现 MobileNet 神经网络模型在预测速度上的优势。同时，也可以检查我们训练好的 MobileNet 是否可用。

```python
def to_prediction(image_path, parameters, out):
    # 获取图片
    def load_image(file):
        im = Image.open(file)
        im = im.resize((32, 32), Image.ANTIALIAS)
        im = np.array(im).astype(np.float32)
        # PIL 打开图片的顺序为 H(高度)、W(宽度)、C(通道)
        # PaddlePaddle 要求的顺序为 C、H、W，因此需要调整顺序
        im = im.transpose((2, 0, 1))
        # CIFAR 训练图片通道的顺序为 B(蓝)、G(绿)、R(红)，
        # 而 PIL 打开图片的默认通道顺序为 R、G、B,因为需要交换通道
        im = im[(2, 1, 0), :, :]    # BGR
        im = im.flatten()
        im = im / 255.0
        return im
```

```
# 获得要预测的图片
test_data = []
test_data.append((load_image(image_path),))

# 开始预测的时间
start_infer = int(round(time.time() * 1000))

# 获得预测结果
probs = paddle.infer(output_layer=out,
                     parameters=parameters,
                     input=test_data)
# 结束预测的时间
end_infer = int(round(time.time() * 1000))

print '预测时间: ', end_infer - start_infer, 'ms'

# 处理预测结果
lab = np.argsort(-probs)
# 返回识别后每个类别的标签及其对应的概率值
return lab[0][0], probs[0][(lab[0][0])]
```

然后，在程序入口处调用预测函数，别忘了在使用 PaddlePaddle 前要初始化它。这里使用一个 CPU 来预测，以观察在移动设备上缺少资源时，MobileNets 预测的速度和其他神经网络预测速度的差别。同时，还记录每次预测的时间和最后的平均预测时间，便于对比其他神经网络的预测速度，这里对比的是 VGG16 神经网络模型。

```
if __name__ == '__main__':
    # 开始预测
    paddle.init(use_gpu=False, trainer_count=1)

    # VGG 模型
    # out = vgg_bn_drop(3 * 32 * 32, 10)
    # with gzip.open("../model/vgg16.tar.gz", 'r') as f:
    #     parameters = paddle.parameters.Parameters.from_tar(f)

    # MobileNet 模型
    out = mobile_net(3 * 32 * 32, 10)
    with gzip.open("../model/mobile_net.tar.gz", 'r') as f:
        parameters = paddle.parameters.Parameters.from_tar(f)

    image_path = "../images/truck1.png"
    # 开始预测的时间
```

```
start_time = int(round(time.time() * 1000))
for i in range(10):
    result, probability = to_prediction(image_path=image_path, out=out,
    parameters=parameters)
    print '预测结果为:%d,可信度为:%f' % (result, probability)

# 总的预测时间
end_time = int(round(time.time() * 1000))
# 输出平均预测时间
print '平均预测时间: ', (end_time - start_time)/10, 'ms'
```

以下是 MobileNets 的训练输出日志，最后输出的平均预测时间是 55ms，这是非常快的。下面还会对比 VGG16 的预测速度。

```
预测时间:  53 ms
预测结果为:9,可信度为:0.999173
预测时间:  42 ms
预测结果为:9,可信度为:0.999173
预测时间:  41 ms
···预测结果为:9,可信度为:0.999173
预测时间:  106 ms
预测结果为:9,可信度为:0.999173

平均预测时间:  55 ms
```

下面是 VGG16 的预测输出日志，可以看到最后输出的平均预测时间是 177ms。相对于 MobileNets 来说，VGG16 的预测速度慢了很多。在资源稀缺的移动设备上，使用 MobileNets 是非常适合的。

```
预测时间:  241 ms
预测结果为:9,可信度为:0.946146
预测时间:  158 ms
预测结果为:9,可信度为:0.946146
预测时间:  169 ms
...
预测时间:  169 ms
预测结果为:9,可信度为:0.946146
预测时间:  201 ms
预测结果为:9,可信度为:0.946146

平均预测时间:  177 ms
```

15.6 合并模型

下面进入合并模型阶段。

1. 准备文件

合并模型是指把神经网络和训练好的模型参数合并生成一个可直接使用的网络模型。合并模型需要以下两个文件。

- **模型配置文件**：用于推断任务的模型配置文件，就是在训练模型中使用到的神经网络，必须只包含 inference 网络，即不能包含训练网络中需要的 label、loss 以及 evaluator 层。这里的模型配置文件就是之前定义的 mobilenet.py 程序文件。
- **参数文件**：使用训练中保存的模型参数，因为 paddle.utils.merge_model 合并模型时只读取.tar.gz 格式，所以保存网络参数时要注意保存的格式。如果保存的格式为.tar，也没有关系，可以把里面的所有文件提取出来再压缩为.tar.gz 格式的文件。压缩的时候要注意不需要为这些参数文件创建文件夹，直接压缩就可以，否则程序会找不到参数文件。保存参数文件的程序如下。

```
with open(model_path + '/model.tar.gz', 'w') as f:
    trainer.save_parameter_to_tar(f)
```

2. 开始合并

下面创建一个 Python 程序文件 merge_model.py 来合并模型，代码如下。

```
from paddle.utils.merge_model import merge_v2_model

# 导入 MobileNet 神经网络
from mobilenet import mobile_net

if __name__ == "__main__":
    # 图像的大小
    img_size = 3 * 32 * 32
    # 总分类数
    class_dim = 10
    net = mobile_net(img_size, class_dim)
    param_file = '../model/mobile_net.tar.gz'
```

```
output_file = '../model/mobile_net.paddle'
merge_v2_model(net, param_file, output_file)
```

成功合并模型后会输出以下日志，同时会生成 mobile_net.paddle 文件，这个文件需要部署在 Android 项目中。

```
Generate  ../model/mobile_net.paddle  success!
```

15.7　移植到 Android

下面使用最新版本的 Android Studio 创建一个可以支持 C++ 开发的 Android 项目 TestPaddle2。

15.7.1　加载 PaddlePaddle 库

我们在项目根目录/app/下创建一个 paddle-android 文件夹，把第一步编译好的 PaddlePaddle 库的 3 个文件都存放在这里，它们分别是 include、lib 和 third_party。

把 3 个文件存放在 paddle-android 文件夹中之后，项目还不能直接使用，还要使用 Android Studio 把它们编译到项目中，我们使用的是项目根目录/app/CMakeLists.txt。下面就介绍一下配置信息。

- set(CMAKE_MODULE_PATH ${CMAKE_MODULE_PATH}"${CMAKE_CURRENT_SOURCE_DIR}/")：设置.cmake 文件查找的路径。
- set(PADDLE_ROOT ${CMAKE_SOURCE_DIR}/paddle-android)：设置 paddle-android 库的路径，在项目根目录/app/FindPaddle.cmake 里面需要用到，FindPaddle.cmake 文件用来加载 PaddlePaddle 库，因为该文件的代码比较多，这里就不展示了，读者可以自行查看源码。
- find_package(Paddle)：用于判断查找 paddle-android 库的头文件和库文件是否存在。
- set(SRC_FILES src/main/cpp/image_recognizer.cpp)：项目中所有 C++源码文件。
- add_library(paddle_image_recognizer SHARED ${SRC_FILES})：生成动态库，即.so 文件。

加载完 PaddlePaddle 之后，还要加载一个文件，那就是之前合并的模型。这个模型用来预测图像，因此接下来就介绍如何处理合并的模型。

15.7.2　加载合并的模型

把合并的模型 mobile_net.paddle 存放在项目根目录/app/src/main/ assets/model.include 中，然后通过调用 PaddlePaddle 的接口就可以加载合并的模型，接着传入路径 model/include/mobile_net.paddle 即可。下面就是加载合并的模型的 C++代码。

```
long size;
void* buf = BinaryReader()(merged_model_path, &size);

ECK(paddle_gradient_machine_create_for_inference_with_parameters(
    &gradient_machine_, buf, size));
```

为什么可以直接传入路径，而不使用绝对路径呢？这是因为在 App 下的 build.gradle 进行了一些设置，在 Android 中增加了以下几行代码。

```
sourceSets {
    main {
        manifest.srcFile "src/main/AndroidManifest.xml"
        java.srcDirs = ["src/main/java"]
        assets.srcDirs = ["src/main/assets"]
        jni.srcDirs = ["src/main/cpp"]
        jniLibs.srcDirs = ["paddle-android/lib"]
    }
}
```

这样，只要在传入路径之前，把上下文传给 BinaryReader 即可。

```
AAssetManager *aasset_manager = AAssetManager_fromJava(env, jasset_manager);
BinaryReader::set_aasset_manager(aasset_manager);
```

关于如何加载合并的模型，下一节还会继续介绍。

15.7.3　开发 Android 程序

在加载完 PaddlePaddle 库之后，就可以使用 PaddlePaddle 进行 Android 开发了。接下来我们就开始开发 Android 应用。关于 Android 开发，本书不会展开介绍，主要介绍如何在 Android 中应用 PaddlePaddle，以及使用 PaddlePaddle 的核心代码。下面介绍在 Android 上使用 PaddlePaddle 的主要步骤。

1. 初始化 PaddlePaddle

在应用启动时，就应该初始化 PaddlePaddle 和加载模型，这与 Python 上的初始化是差不多的。在初始化 PaddlePaddle 时，需要指定是否使用 GPU，同时通过 paddle_init 的 C++ 初始化，因此，要创建一个名为 image_recognition.cpp 的文件并编写以下 C++ 代码。

```cpp
JNIEXPORT void
Java_com_yeyupiaoling_testpaddle_ImageRecognition_initPaddle(JNIEnv *env, jobject
thiz) {
    static bool called = false;
    if (!called) {
        // 初始化 PaddlePaddle
        char* argv[] = {const_cast<char*>("--use_gpu=False"),
                        const_cast<char*>("--pool_limit_size=0")};
        CHECK(paddle_init(2, (char**)argv));
        called = true;
    }
}
```

这个 C++ 函数对应的是 Java 中 ImageRecognition 类的方法。

```
// 在 C++中初始化 PaddlePaddle
public native void initPaddle();
```

这个 ImageRecognition.java 程序类主要是用来对于 MainActivity.java 调用 C++ 函数的，通过 ImageRecognition 提供的 native 方法，其他的 Java 类就可以调用自己写的 C++ 函数了，但是不要忘了，在 ImageRecognition 这个类中加载编写的 C++程序。

```
static {
    System.loadLibrary("image_recognition");
}
```

2. 加载合并的模型

因为我们使用的是合并的模型，所以与之前在 Python 上使用的模型有点不一样。在 Python 上使用的时候，要使用神经网络输出的分类器 out 和训练时保存的模型参数 parameters。而在这里，使用的是合并的模型，这个合并的模型已经包含了分类器和模型参数，因此只要这一个文件就可以了。在 image_recognition.cpp 中添加一个新函数用来加载合并的模型。

```
JNIEXPORT void
Java_com_yeyupiaoling_testpaddle_ImageRecognition_loadModel(JNIEnv *env,
                                                            jobject thiz,
                                                            jobject jasset_manager,
                                                            jstring modelPath) {
    //加载上下文
    AAssetManager *aasset_manager = AAssetManager_fromJava(env, jasset_manager);
    BinaryReader::set_aasset_manager(aasset_manager);

    const char *merged_model_path = env->GetStringUTFChars(modelPath, 0);
    // 读取合并的模型
    LOGI("merged_model_path = %s", merged_model_path);
    long size;
    void *buf = BinaryReader()(merged_model_path, &size);
    //创建一个用于预测的程序
    CHECK(paddle_gradient_machine_create_for_inference_with_parameters(
            &gradient_machine_, buf, size));
    // 释放空间
    env->ReleaseStringUTFChars(modelPath, merged_model_path);
    LOGI("加载模型成功");
    free(buf);
    buf = nullptr;
}
```

上述的 C++函数对应的是 Java 中 ImageRecognition 类的方法。

```
// 加载合并的模型
public native void loadModel(AssetManager assetManager, String modelPath);
```

加载合并的模型和初始化 PaddlePaddle 都应该在加载 activity 的时候执行。

```
imageRecognition = new ImageRecognition();
imageRecognition.initPaddle();
imageRecognition.loadModel(this.getAssets(), "model/include/mobile_net.paddle");
```

3. 预测图像

以下的代码是用于预测的 C++ 程序，这个 C++ 程序调用了 PaddlePaddle 的 CAPI，通过调用 PaddlePaddle 的 CAPI 来让模型做一个正向传播的计算，通过这个计算来获取预测结果。因为 PaddlePaddle 读取的数据是 float 数组，而传过来的只是字节数组，所以要对数据进行转换，也就是获取字节数组并转换成浮点数组。最后，获得的结果也是一个浮点数组，它表示每个类别对应的概率。在 image_recognition.cpp 中添加以下代码来预测图像（这个函数的代码比较多）。

```cpp
JNIEXPORT jfloatArray
Java_com_yeyupiaoling_testpaddle_ImageRecognition_infer(JNIEnv *env,
                                                        jobject thiz,
                                                        jbyteArray jpixels,
                                                        size_t height_,
                                                        size_t width_,
                                                        size_t channel_) {

    //创建一个输入参数

    paddle_arguments in_args = paddle_arguments_create_none();


    CHECK(paddle_arguments_resize(in_args, 1));


    paddle_matrix mat = paddle_matrix_create(1, 3072, false);


    paddle_real *array;
    //获取指向第一行开始地址的指针
    //创建矩阵
    CHECK(paddle_matrix_get_row(mat, 0, &array));

    //获取字节数组并转换成浮点数组
    unsigned char *pixels =
            (unsigned char *) env->GetByteArrayElements(jpixels, 0);

    // 加载数据
    size_t index = 0;
    std::vector<float> means;
    means.clear();
    for (size_t i = 0; i < channel_; ++i) {
        means.push_back(0.0f);
    }
    for (size_t c = 0; c < channel_; ++c) {
        for (size_t h = 0; h < height_; ++h) {
            for (size_t w = 0; w < width_; ++w) {
                array[index] =
```

```
                        (static_cast<float>(
                                pixels[(h * 32 + w) * 3 + c]) - means[c]) / 255;
                index++;
            }
        }
    }

    env->ReleaseByteArrayElements(jpixels, (jbyte *) pixels, 0);

    //将矩阵分配给输入参数
    CHECK(paddle_arguments_set_value(in_args, 0, mat));

    //创建输出参数
    paddle_arguments out_args = paddle_arguments_create_none();

    //调用正向传播的计算
    CHECK(paddle_gradient_machine_forward(gradient_machine_, in_args,  out_args,
    false));

    //创建矩阵来保存神经网络的计算结果
    paddle_matrix prob = paddle_matrix_create_none();
    //从参数中获取数值存放在 prob 矩阵中
    CHECK(paddle_arguments_get_value(out_args, 0, prob));

    uint64_t height;
    uint64_t width;
    //获取矩阵的大小
    CHECK(paddle_matrix_get_shape(prob, &height, &width));
    //获取预测结果
    CHECK(paddle_matrix_get_row(prob, 0, &array));
    for (int i = 0; i < sizeof(array); ++i) {
        LOGI("array:%f", array[i]);
    }

    jfloatArray result = env->NewFloatArray(height * width);
    env->SetFloatArrayRegion(result, 0, height * width, array);

    // 清空内存
    CHECK(paddle_matrix_destroy(prob));
    CHECK(paddle_arguments_destroy(out_args));
    CHECK(paddle_matrix_destroy(mat));
    CHECK(paddle_arguments_destroy(in_args));
```

```
    return result;
}
```

上述 infer() 的 C++ 函数对应的是 Java 中 ImageRecognition 类的方法。

```
// 在 C++中获取预测结果
private native float[] infer(byte[] pixels, int width, int height, int channel);
```

在 Java 中，需要获取图像数据，在本例中从相册里获取图像。

```
//打开相册
private void getPhoto() {
    Intent intent = new Intent(Intent.ACTION_PICK);
    intent.setType("image/*");
    startActivityForResult(intent, 1);
}
```

如果手机的系统是 Android 6.0 及以上版本，那么还要执行一个动态获取权限的操作。

```
//从相册中获取照片
getPhotoBtn.setOnClickListener(new View.OnClickListener() {
    @Override
    public void onClick(View v) {
        if (ContextCompat.checkSelfPermission(MainActivity.this,
                Manifest.permission.READ_EXTERNAL_STORAGE) != PackageManager.
                PERMISSION_GRANTED) {
            ActivityCompat.requestPermissions(MainActivity.this,
                new String[]{Manifest.permission.READ_EXTERNAL_STORAGE}, 1);
        } else {
            getPhoto();
        }
    }
});
```

在权限回调中，也要做相应的操作，比如成功申请权限之后要打开相册，若申请权限失败，则需要提示用户打开相册失败。

```
// 权限回调
@Override
public void onRequestPermissionsResult(int requestCode, @NonNull String[] permissions,
    @NonNull int[] grantResults) {
    switch (requestCode) {
```

```
        case 1:
            if (grantResults.length > 0 && grantResults[0] == PackageManager.
            PERMISSION_GRANTED) {
                getPhoto();
            } else {
                toastUtil.showToast("你拒绝了授权");
            }
            break;
    }
}
```

当用户选择图像之后，在回调中可以获取该图像的 URI。

```
// 照片回调
@Override
protected void onActivityResult(int requestCode, int resultCode, Intent data) {
    if (resultCode == Activity.RESULT_OK) {
        switch (requestCode) {
            case 1:
                Uri uri = data.getData();
                break;
        }
    }
}
```

接下来，编写一个工具类来把 URI 转换成图像的路径。

```
//获取图片的路径
public static String getRealPathFromURI(Context context, Uri uri) {
    String result;
    Cursor cursor = context.getContentResolver().query(uri, null, null, null, null);
    if (cursor == null) {
        result = uri.getPath();
    } else {
        cursor.moveToFirst();
        int idx = cursor.getColumnIndex(MediaStore.Images.ImageColumns.DATA);
        result = cursor.getString(idx);
        cursor.close();
    }
    return result;
}
```

之后通过调用 getRealPathFromURI()方法就可以获取到图像的路径了。

```
String imagePath = CameraUtil.getRealPathFromURI(MainActivity.this, uri);
```

接下来，调用预测方法，获取预测结果，这个 infer()方法并不调用 C++ 的预测函数，而是把图像转换成字节数组。

```
String result = imageRecognition.infer(imagePath);
```

虽然在上面已经获得了图像的路径，但是在编写 C++ 预测函数时，数据是字节数组类型的，因此还要把图像转换成字节数组。下面介绍如何把图像转换成字节数组，在这里可以指定图像的大小和读取通道的顺序。

```java
public String infer(String img_path) {
    //把图像读取成一个 Bitmap 对象
    Bitmap bitmap = BitmapFactory.decodeFile(img_path);
    Bitmap mBitmap = bitmap.copy(Bitmap.Config.ARGB_8888, true);
    mBitmap.setWidth(32);
    mBitmap.setHeight(32);
    int width = mBitmap.getWidth();
    int height = mBitmap.getHeight();
    int channel = 3;
    //为图像生成一个数组
    byte[] pixels = getPixelsBGR(mBitmap);
    // 获取预测结果
    float[] result = infer(pixels, width, height, channel);
    // 把概率最大的结果提取出来
    float max = 0;
    int number = 0;
    for (int i = 0; i < result.length; i++) {
        if (result[i] > max) {
            max = result[i];
            number = i;
        }
    }
    String msg = "类别为: " + clasName[number] + ", 可信度为: " + max;
    Log.i("ImageRecognition", msg);

    return msg;
}
```

其中我们调用了一个 getPixelsBGR()方法，这个 CIFAR 图片在训练时的通道顺序为
B（蓝）、G（绿）、R（红），而我们使用 Bitmap 读取图像的通道顺序是 R、G、B，因此
还要交换一下它们的通道顺序。交换方法如下。

```java
public byte[] getPixelsBGR(Bitmap bitmap) {
    // 计算图像包含多少字节
    int bytes = bitmap.getByteCount();

    ByteBuffer buffer = ByteBuffer.allocate(bytes);
    // 将字节数据移动到缓冲区中
    bitmap.copyPixelsToBuffer(buffer);

    // 获取包含数据的基础数组
    byte[] temp = buffer.array();

    byte[] pixels = new byte[(temp.length/4) * 3];
    // 进行像素复制
    for (int i = 0; i < temp.length/4; i++) {

        pixels[i * 3] = temp[i * 4 + 2];          //B
        pixels[i * 3 + 1] = temp[i * 4 + 1];      //G
        pixels[i * 3 + 2] = temp[i * 4 ];         //R
    }
    return pixels;
}
```

通过上述方法，图像数据已转换成字节数组，然后就可以调用 PaddlePaddle 接口预
测数据，并得到预测结果。调用的函数如下。

```java
private native float[] infer(byte[] pixels, int width, int height, int channel);
```

最后，我们在使用这个 Android 应用时，单击相册，选择要预测的图像，就可以获
得预测结果。图 15-1 所示是程序预测结果。

到此，图像识别在 Android 手机上的应用已经介绍完毕。可以使用本章实现的
Android 应用来预测图像。本章实现的 Android 应用的功能比较简单，只是通过在相册中
获取图像并进行预测。注意，因为 CIFAR-10 数据集中的图像是 32×32 像素的，所以在
Android 手机上放大之后变得有点模糊。读者可以使用其他的图像数据集来进行训练并
应用到 Android 手机上。

图 15-1　预测结果

尽管本章实现的 Android 应用比较简单，但已经在 Android 设备上完整地使用了 PaddlePaddle 的接口实现了图像的预测。用户可以把这个技术集成到某一个 Android 项目中，为项目添加更新颖的功能。另外，我们编译好的 PaddlePaddle 库不仅用来进行图像识别，还可以用于预测。

15.8　小结

本章介绍了如何在 Android 设备上使用 PaddlePaddle 进行图像识别。相对于调用网络接口进行预测的方式，直接在 Android 设备上预测图片的方式在预测速度上得到了很大的提高。我们在预测的时候了解到，在本地部署中使用 PaddlePaddle 的平均预测时间为 50ms。对于预测速度要求比较高的设备，可以采用本地部署的方式。

到此，读者已经顺利完成本书的学习，并成功进阶为一名深度学习的开发者。希望读者不断深入探讨，学习更深层次的知识，在人工智能的道路上继续前进。